李世强◎编著

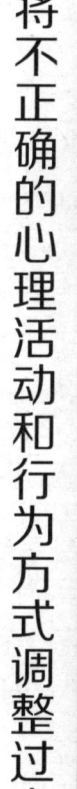

将不正确的心理活动和行为方式调整过来

自控力

台海出版社

图书在版编目（CIP）数据

自控力：将不正确的心理活动和行为方式调整过来／李世强编著.
一北京：台海出版社，2018.8
ISBN 978-7-5168-2028-5

Ⅰ.①自… Ⅱ.①李… Ⅲ.①自我控制—通俗读物 Ⅳ.①B842.6-49

中国版本图书馆 CIP 数据核字（2018）第 171906 号

自控力：将不正确的心理活动和行为方式调整过来

编　　著：李世强

责任编辑：徐　玥　　　　　　　封面设计：胡椒设计
责任印制：蔡　旭

出版发行：台海出版社
地　　址：北京市东城区景山东街 20 号　　邮政编码：100009
电　　话：010-64041652（发行，邮购）
传　　真：010-84045799（总编室）
网　　址：www.taimeng.org.cn/thcbs/default.htm
E-mail：thcbs@126.com

经　　销：全国各地新华书店
印　　刷：天津中印联印务有限公司
本书如有破损、缺页、装订错误，请与本社联系调换

开　　本：710mm×1000mm　　　　　　1/16
字　　数：160 千字　　　　　　　　　印　张：14
版　　次：2018 年 10 月第 1 版　　　印　次：2018 年 10 月第 1 次印刷
书　　号：ISBN 978-7-5168-2028-5

定　　价：39.80 元

前　言

　　有人向古希腊哲学家泰勒斯提出了两个问题："做什么事情最容易？做什么事情最难？"泰勒斯回答："给别人提意见最容易，管理好自己最难。"由此可见，管好自己是多么难的一件事，而要做好这件事，最重要的就是要有自控力。

　　自控力，即自我控制的能力，指一个人对自身的冲动、感情、欲望施加的控制。往大了说，自控力也就是对自己的习惯、情绪、周围事件、时间、欲望以及学习能力的控制。当你能够对这一切有自控力，你会发现，你的时间充裕了、作息规律了、心态平和了、情绪稳定了、欲望减小了、学习的动力增强了……一切的一切，都会往好的方向发展；若你一旦无法自控，失控起来，可想而知：你将变得拖沓、懒散、易怒、抱怨……到时候你会发现，不只自己每天处于崩溃的边缘，而且还会让朋友逐渐远离你。因此，学习自控、增强自控力，对一个人来说是至关重要的。

　　关于自控力，一位美国心理学家说过一段发人深省的话："一个有意于修炼自己并提升意志力的人，将会获得无比巨大的力量。这种力量不仅能完全控制一个人的精神世界，而且能使人的心理达到前所未有的高度。此时，一个人以前从未想过能拥有的智慧、天赋或能力都有可能变成现实。其实那些一直以来不为人们所发现的东西，就存在于人的自身之内，而自控力就是那把能够开启人的观察力和征服力的钥匙。"

可见，古今中外，任何一个国家的人都对自控力相当重视。自控力不仅体现了一个人的情商水平及交际能力，更在一个人的家庭和事业中起着决定性的作用。大家回想一下，你有没有因为一时冲动，对朋友说了不该说的话，过后非常懊恼；你有没有在工作中寻找借口拖延、对领导派给你的任务满腹牢骚，最后无论和同事还是和领导的关系都变得很僵；你有没有在家庭中对另一半或对孩子突然发脾气，深深伤了他们的心。这些，都是由于自控力太差，无法控制住情绪而造成的。若是一个自控力强的人，就能够在脾气爆发时学会忍耐、在与朋友发生言语冲突时学会沉默、在心情低落时学会微笑，在任何时候都能控制自己的思想和行为，那又会是怎样的一种局面呢？

自控力是每一个人都应该拥有和学习的能力，它能给心灵注入力量、能够让你的言语和行为变得得体。当一个人拥有了自控力，无论在情绪、思想、欲望还是才能方面，都能凝聚成正能量，让自己的内心变得强大。

本书从多个角度阐述了自控力在人的生活和工作中的影响，以及告诉读者如何提高自控力。本书以理论加案例的模式，让每一位读者都能够在学习到理论知识时，看到如何在实际生活中学习和运用自控力。相信本书会对读者在为人处世上有一定的助益，让读者在自控力方面得到提升，最后在生活和工作中因自控力而散发出闪亮的光芒。

目　录

第九章 完善自我：学习是提升自控的最佳途径

第一章
自我认知：自控力是命运的方向盘

　　自控力是一个人迈向正确道路最重要的因素。因为，没有自控力，你就无法培养良好的习惯；没有自控力，你就无法控制自己的情绪；没有自控力，你也无法锻造自己平和的内心。一个没有自控力的人，就好像一辆正在行驶的车辆方向盘失控了一样，你将无法再控制它前进的方向。因此，想要让命运这辆汽车永远行驶在正确的轨道上，就要掌握好自控力这一方向盘。

强化自控力，在挑战中让不可能变成可能

　　我们正处在一个快速发展、不断变化的时代，昨日的成就代表不了今日和明日。只有怀着强烈的进取心与时俱进、超越自我，才能保持优秀。但是，人与生俱来都有一种惰性，这种惰性会不断侵蚀人的进取心从而使人缺乏自控的能力。如果说我们在生活和工作中日积月累所养成的习惯、惰性和放任之所以没有成为我们自身的主宰，反而被我们所制伏，正是因为我们运用了自我约束的意志力，这种意志力又被称为"自控力"。换句话说，具备这种能够抵制、克服各种诱惑的能力，正是我们自身具有坚强意志的最佳体现。

　　确实，自控可以使我们在做任何事情时都能保持正确的方向、良好的动机，并且运行于理想的轨道上。倘若将自控力发挥于运动竞技场上，它仍旧是争取胜利的关键。如果你对足球稍有研究，你应该知道德国足球队在世界赛场上屡创佳绩，并以顽强的风格闻名于世。众所周知，无论处于多么恶劣的境况下，德国足球队都会拼搏到最后一分钟。

　　德国足球的成功固然与球队训练有素有着密切的关系，但最重要的一点是因为球员们都拥有良好的自控力。在贯彻教练意图、完成自己所担负的任务方面，他们没有一丝一毫的放任，总是忠于自己的职责。曾

经有人说过德国队不懂足球艺术，表现死板、不够灵活，但事实胜于雄辩。作为职业球员，他们表现出了神奇的自控力，并且用成绩证明了自己是优秀的。

德国足球明星米洛斯拉夫·克洛泽就是一个自控能力很强的典型代表。克洛泽是一个大器晚成的球星，19岁的时候，他还在业余联赛中踢球。但因为表现出色，他被邀请到了德国第三级别联赛洪堡队，成了一个半职业的球员。在22岁的时候，克洛泽由于表现出色，入选了德甲凯泽斯劳滕青年队。在2000年，克洛泽代表凯泽斯劳滕队完成了自己德甲的首秀。克洛泽进入职业联赛时的年纪已经不小了，但他很珍惜得来的机会。在第一个赛季，他就为球队攻入了9个进球。第二个赛季，攻入了16个进球、7次助攻，成为2001—2002赛季德甲的最佳德国本土射手和最佳新秀。至此，克洛泽开始了自己的辉煌时刻。自2000年至2011年共在德甲联赛出场306次，攻入121球并有79次助攻，直接制造200个进球。曾获得两次德甲联赛冠军、五次德国国内杯赛冠军，以及射手王、助攻王、最佳球员、德国足球先生等荣誉，成就了德国足坛荣誉大满贯。

但克洛泽并没有因此满足，他还有更大的愿望——成为世界杯历史上进球最多的选手。不过，2011年，克洛泽已经33岁了，这个年纪的运动员大多已过巅峰，想进入国家队很困难了。但克洛泽没有放弃，他长期以来一直懂得自控，使自己的身体保持良好的状态，不抽烟、不喝酒、合理饮食；懂得控制自己的情绪，减少赛场外干扰的因素，他热爱自己的妻子和孩子，从来没有绯闻，这样的自控能力让他一直保持着良好的状态。同年，他转战意大利赛场，加盟了那不勒斯队，因为这里能给他更多的上场时间，让他保持状态。他希望入选 2014 年巴西世界杯的德国队大名单，代表德国队继续征战。

他在意甲赛场也证明了自己，33 岁的克洛泽在这一年帮助拉齐奥队赢得意大利杯冠军，并为球队打进 64 球，成为队史第一外籍射手，其中，他在单场打进 5 球的壮举打破意甲尘封了 27 年的纪录。

他良好的自控力，让他以 36 岁的高龄继续参加了巴西世界杯，在半决赛德国 VS 巴西的比赛中，克洛泽在第 23 分钟时打入了历史性的一个球。这个进球，让他超越了坐在解说席上的"外星人"罗纳尔多的 15 个进球，以 16 个进球成了世界杯历史上进球最多的选手，并最终带领德国队赢得了这届世界杯。

克洛泽的足球生涯是完美的，但这些荣誉离不开他的自控能力。正因为自控能力强，他一直保持着良好的身体，能在 36 岁的时候参加世界杯，成为世界杯历史射手。

每个人都希望自己在别人眼中看起来是优秀的。如果优秀是我们的目标，那么我们便不能随心所欲、感情用事，必须增强自己的自控力。

高尔基曾经说过："哪怕是对自己的一点儿小的克制，也会使人变得强而有力。"

要主宰自己的命运，必须对自己有所约束、有所克制。如果缺乏自控力，就像是汽车缺少了方向盘和刹车系统，很难避免违规、闯祸，甚至发生撞车、翻车等意外。想要避免意外的发生，最基本的做法当然就是培养自控力。

是的，人要学会控制自己，不要放任，更不该使自己迷失于懒惰和贪玩之中。自我约束就等同于自我提升，任何一个人从成年起，都到了为自己做决定、为自己负责的年龄。如果你还学不会控制自己，将来有一天，只怕你将会置身于自掘的坟墓中哀叹，你将无力推开堵住坟墓出口的岩石。现在，你必须果断起来，好好学习，确定自己人生道路的方向。这样，你才能让生活安定，不再像秋风中的落叶一样飘忽不定，过漂泊的日子。

大部分年轻人喜欢随心所欲，凭一时的兴趣行事。然而，我们能享受到的生活乐趣和所拥有的功成名就都源于凭借自身自控力所做出的调整与转变。如果你能够在年轻力壮、精力充沛的时候学会自制，并让自控力伴随你的整个人生，幸福、愉快和欣慰将能够持续下去。

自控力不强，情绪将随时爆发

遇到不平抑或是不满的事，大多数人都把抱怨当成了情绪发泄的主要方式。殊不知，这种抱怨的发泄方式，不仅不能平息自己的不满情绪，反而很有可能火上浇油，让自己更觉愤怒。

情绪其实是一种驱动力，当你情绪高涨时，即使是他人有意冒犯，你也能化消极为积极，更愿意参加某个活动，接近某种事物，或者接近某个人。相应的，当你做这些事的时候，更易激起你的积极情绪。否则，当你心情低落时，会自动产生厌恶、反感、排斥的情绪，往往想要远离周遭的一切。只有当你自觉地把不满情绪转变成你的动力时，你才能很好地处理情绪所带来的负面影响。

当你不服于某个人的言行，却又奈何不了对方时，不妨把不满转化为行动的力量，努力工作，然后成就一番事业，以结果来证明对方的错误，让对方心服口服。无论何时何地，你都有可能遭遇他人的嘲讽与打击，这时发泄情绪并不是明智的选择，即使你获得了一时的快意，却仍旧改变不了事实，甚至会引起连锁反应，让情绪变得更糟。"忍"字当头，将不满情绪转变成自己前进的动力，你会发现自己进入了一个新天地，你想要的改变也会随之而来。

第一次世界大战期间，在法国的十余万华工需要人服务与协助，刚从耶鲁大学毕业的晏阳初立即报名参加了美国青年会组织的战时活动，前往法国帮助当地华工。

为了争取战争的胜利，在法华工不辞辛苦地努力工作。然而他们远离故国亲人，思念家人，却不能与之联系，甚感痛苦。晏阳初了解到这种情况后决定帮助他们。当时电话使用率极低，一般靠书信传递信息。由于这些华工几乎都不识字，晏阳初只能代他们写家书。华工太多，晏阳初经常熬夜写到天明。

一天，一位外国友人来访，看到晏阳初坐在那堆书信里写个不停，不禁揶揄道："你们华工一字不识，纯粹是一群苦力。"

友人话语中对华工的轻视让晏阳初很不舒服。他不服气，却无力反驳。华工每天工作 10 个小时以上，的确是苦力。但是他们是为了人类的和平而工作，值得敬重。晏阳初决心改变外国人对华工的看法。经过观察，晏阳初发现华工极富学习潜能，于是他决定教导他们读书识字。

然而在行动开始之初晏阳初就遇到了难题。首先是课本问题。作为国人入学启蒙的《三字经》显然不适合作为华工的教材。经过对华工多次的走访及经验积累，晏阳初从中文字典与国内报纸杂志常见的文字中选出一些只言片语，再结合华工日常习惯用语，最终挑出一千余字作为基本教材。其次是招生问题。大部分华工对于晏阳初开办的读书识字课堂并不看好，即使晏阳初多番游说，最初也只有四十人参加。四个月后，四十人完成学业能用一千多个字自行书写家书时，华工才踊跃报名参加。晏阳初还把已经受过教育的华工分派去教导其他学员，有效地利用了人力资源。

晏阳初本着一颗为劳苦大众服务的心，采取治本的恰当方式，通过开设教华工读书识字课堂，大大提高了他们的识字率，使华工不但能够自行书写家书，而且提升了他们的自信心，也让外国人对华工刮目相看。回国后，晏阳初也对国内农民的低水平教育进行了改造，并最终成了中国著名的平民教育家及乡村建设家。

每个人的想法都不一样，你不能阻止他人的看法，但却可以让他人改变看法。晏阳初在意友人对华工的嘲笑，但他没有把不满直接发泄出来，而是化愤怒为动力，找出解决难题的根本方法，不畏艰辛，最终收获了友人的敬佩且成就了自己的事业。生气可以是一枚炸弹，也可以化作一股动力，关键在于你的态度。能控制自己情绪的人，无疑是生活的强者。而善于利用情绪动力的强者，才能成为成功的人。

世上没有完美，在缺憾中发现美

每个人都在追求完美，有人甚至为了追求它而花费了自己一生的时间。我们知道，人们在追求完美的过程中可以不断地完善自己、充实自己，使自己变得越来越优秀，这是一种积极向上的表现。但是，如果我们过分地追求完美，那就是一种病态了。此时的完美就是一个美丽的陷阱，诱使我们陷入泥潭，受尽折磨，无法自拔。

无论什么事物，都有它的极限，如果我们抱着不达目的誓不罢休，同时置事物本身于不顾的态度，那我们只会品尝到苦涩的果实。要明白，这个世界上存在的东西都有一个度，有时候，缺憾也是一种美。

有人认为，完美主义体现的是一种对生活的认真态度，是一种积极、正确的行为。其实不然，过分追求完美会让你失去生活的乐趣，因为你对完美的向往会蒙蔽你的双眼，让你看不到沿途的美景。过分追求完美会让你很累，因为无论你怎么努力都不能达到所谓完美的地步，你会否定自己所有的努力和汗水，抱怨命运的不公。

我在旅游时遇到过一位六十多岁的老人，他没有结过婚，过着到处流浪的生活。他每天都忙忙碌碌、愁容满面，似乎是还没有找到想要的东西的缘故。

我问他在找什么时，他说："我在寻找一个最完美的女人，我要娶她为妻！"

我继续问他："找了那么多年，去了那么多地方，难道你就没有遇见一个完美的女人吗？"

"有的，我碰到过一个，那是仅有的一个，她真是一个完美的女人！"

"那你为什么没和她结婚呢？"

老人叹了一口气，满脸无奈地说："可是，她也正在寻找一个完美的男人并要同他结婚！"

这位老人之所以孑然一身，究其原因，都是追求完美惹的祸。老人因为坚持完美，错过了很多原本可以拥有的美好东西。他不明白，完美是不存在的，生活更不可能有完美的结果。因为追求完美，人们便会对不完美的东西不屑一顾，这常常会使我们失去很多机会。所以，我们无论是做人还是做事，都要面对现实，从实际出发。

我们只有学会不苛求生活中的琐碎小事，不一味地追求完美，才能拥有更轻松的生活。可是，完美主义者却偏偏给自己设定了一个十全十美的目标，所有的事情都要求自己做到最好，一旦得不到预想的结果就会深深自责甚至沮丧消沉，继而彻底怀疑和否定自己，完全被完美主义束缚住。这样的生活岂能轻松？岂能快乐？

很久以前，在干旱的沙漠边缘地区住着一位牧人，他的家庭非常贫穷。他很羡慕富人的生活，幻想着自己有钱的日子。然而，现实总是残酷的，他还是过着自己原来的生活。

一天夜里，牧人梦到一位天使对他说："我是幸运之神，住在一百里外的石洞里。你来拜访我吧，不管你有什么愿望，我都会满足你。"

牧人感到很兴奋，决定前去一探究竟。第二天，他骑着骆驼出发了，走了两天两夜，水和食物都没有了。就在他饥渴不堪的时候，他看见前方果然有一个发出七彩光芒的洞穴，走进洞穴里，他见到了光芒四射的天使。

天使把一个红箱子送给他，说道："这个宝物可以让你改变一切。我教你一句咒语，只要你念了它，再把心里想要的东西告诉箱子，之后你打开箱子，你想要的东西就会出现在眼前。但有一个条件，它只可以使用一次！"

自控力：
将不正确的心理活动和行为方式调整过来

　　牧人很感动，此时他又饥又渴，便问天使："我现在最需要的是一顿饭。你可以满足我吗？"

　　天使说："可以！"接着天使又交给他另一个蓝色箱子，"这是另一个宝物。我教你另一个咒语，只要你念了它，再把心里需要的东西告诉箱子，之后你打开箱子，你需要的东西就会出现在眼前。它也只可以使用一次！"天使说完后，就消失不见了。

　　牧人太兴奋了，赶紧对着蓝色箱子念了咒语，要一些食物和淡水。打开箱子，他的愿望果然实现了！

　　次日，他万分高兴地回去了。一路上他念了咒语，把一件件的愿望告诉了那个红箱子。牧人首先想到了牧场，于是他告诉红箱子，他要一片牧场。有了牧场之后他觉得还需要一片果园，可是只有果园并不完美，所以他又要了一座花园，但是只有花园怎么够呢？他还需要一幢宫殿，并要求宫殿的庭院里有一个大水池。而水池底下也不能光秃秃的，要缀满宝石，池里有音乐喷泉，池上又有鸳鸯、天鹅等。另外他想到回到家后，再叫他的太太把她所想要的东西一一告诉宝箱。直到他觉得自己的人生拥有这些东西足够完美之后才停下来。

　　一路上他非常高兴，然而一天之后，他发现食物越来越少，淡水也快喝完了。他有点懊悔，抱怨道："当时要求的食物和淡水太少了。"但他又想道，"不要紧！再坚持一天，到了家打开红箱子，那么一切就都有了！"于是，他忍着饥饿和口渴，在沙漠里缓缓地前进着。

　　第三天，他实在熬不下去，从骆驼身上倒了下来，手里抱着的红箱子也掉在了地上。这时，牧人实在撑不住了，于是伸手把红箱子的盖子掀开。顷刻间，他的愿望全都实现了。

只是，他要的花园太大了，房子在远远的另外一端，他要通过花园才能到家门口。他鼓足了劲儿拼命地向前奔跑，跳进了水池里。跳下去之后，他才想起自己根本不会游泳，于是使劲儿挣扎，但身体却不听使唤，一直往下沉。他要求的水池太大了，也太深了，他的脚根本够不到池底。

就这样，他沉了下去，最后，他看见了缀满宝石的池底，还没来得及高兴，就溺死了。在溺死前，他还在拼命挣扎，脑海里只有一句话："谁来救救我啊！现在我想要的都已经出现在眼前，我的人生即将圆满了，可是一切都晚了！"

为了追求完美，这位牧人不停地要求、不停地索取，不承想却因此而丢了自己最宝贵的生命。

世界上没有绝对完美的艺术品，也没有绝对完美的人，更没有绝对完美的生活。过于追求完美的人，常常会束缚自己，就像总想把梦幻中的美景带到现实中的人一样，经常会感到沮丧和失望。你应该静下心来想一想，如果身边的一切真的很完美，那为什么还会有那么多的人叫喊"不公平"呢？

我们总是希望自己不犯错误，把任何一件事情都做得完美无瑕，因此一旦犯了错误，没有把事情做到完美，就会常常自责、抱怨，在精神和肉体上承受巨大的折磨。其实何必这样呢？完美是不可能达到的，人只有懂得满足才能享受到生活的乐趣。所以，无论做什么事情，只要我们真正努力过就应该感到满足，一味苛求完美是没有意义的。

我们要学会为自己的努力成果喝彩，哪怕只是一点点，这样才能有成就感，才是正确的选择，这种心态才能正确面对生活中的不如意。换一种心态看待生活中的残缺，或许我们就能看到一片轻松的天地。

言谈举止不当，害人害己

在职场中，要注意自己的言谈举止。如果你的言谈举止触犯到了对方，对方一定会想方设法报复，这样你就很有可能成为对方的靶子。

做人做事一定要保持低调，言行要平和，不过分地张扬个性，就不会使别人对你产生敌意，如此才能避免成为别人的"靶子"。

如果你经常感情用事，说话很随便，甚至因为一点成绩就得意忘形等。这些不好的言行习惯会在交际中给你带来阻碍。当你的此类言行超出别人容忍程度的时候，别人必定会找各种机会给你"小鞋"穿，把你当成"活靶子"。

梅朵研究生毕业后，凭着自己的实力参加考试，过五关斩六将才挤进了公司。虽然进了公司，却只是个小职员。

公司在办公区有个不大不小的休息室，是员工们吃午饭、喝咖啡、喝茶的场所，也是休息时闲聊的地方，有很多闲话都是从这里传出去的。

有一次，梅朵去休息室冲咖啡，正好遇到两个同事正在闲聊。她们看到梅朵进来，也把梅朵拉进了闲聊中。

一个同事说："你们知道吗？听说咱们经理是胡总的小蜜。那次胡总来咱们部门视察时，他俩的眼神可暧昧了。"

另一个同事也说："就是就是。那次胡总一进经理的办公室，经理就把百叶窗给拉上了，两人不知道在里面干什么。"

梅朵这时插话道："听说经理只有高中文凭。我们这些大学生、研究生还不如一个高中生。经理的能力实在是不敢恭维。"

这句话说完后，梅朵就后悔了。这两个同事在公司很久了，她们之间说什么，自然关系不大。可是自己说的话会不会被她们传出去，那就不一定了。想到这儿，梅朵紧张地离开了休息室。

没几天，梅朵就被公司辞退了，原因是那两个同事告了黑状。她们把自己说过的那些闲话都推到梅朵的身上，并说给经理听。两人怕梅朵会把她们说的话传出去，就恶人先告状了。

梅朵知道被辞退的真正原因之后，后悔不该听两个同事的闲话，更不该说那一句对经理不满的话。正因为自己言行不当，才导致自己被别人当了"靶子"。

注意言谈举止，就是在职场中，要知道并明白哪些话该说，哪些话不该说；还有哪些事该做，哪些事不该做。

同样，在什么样的人面前该说什么样的话，该做什么样的事，以及不该说什么，不该做什么，都要做到深思熟虑。

当你在职场中做到了谨言慎行，才不会被人抓住把柄。如果你没有注意自己的言谈举止，很可能因为很小的一个细节，就被别人利用，并成为别人的"靶子"。

不管一个人多么有权有势，只要他过分地张扬，过分地狂妄自大，傲慢无礼，就不会有好的结局。

你需要练就自我控制的能力。因为在职场中，懂得自我控制的人才不会轻易受到情绪制约，不会在冲动之下，做出伤害他人、给自己的职场生涯埋下隐患的事。

就算在面对自己不喜欢的人或者是自己厌恶的事情时，也不要轻易表露出你的情绪。你不必强迫自己喜欢对方，但需要礼貌而真诚地问候对方。如果你无所顾忌，说话做事随心所欲，不在乎别人的感受，这就容易成为别人攻击的"靶子"。

柳莹是一家公司策划部的副经理，她业绩突出、多才多艺、能力很强，长得也挺漂亮，但在公司却很不受欢迎。

柳莹刚进入公司的时候，凭借自己深厚的专业能力，经常给上司提出很好的想法和建议。再加上她工作努力，同事对她的评价都不错。

在公司的集体舞会上，她能歌善舞，非常活跃。同事们一起去唱歌，她也是抢尽了风头，吸引了公司男同事的目光。

工作闲暇，女同事们总喜欢谈论一些穿着打扮方面的事情，而她这时总会无所顾忌地指出女同事们的不足之处。渐渐地，很多同事就都开始讨厌她。

柳莹在公司工作了三年，竟然没有建立起自己的人脉网，公司的新老员工都明显地孤立她。她的争强好胜，多次导致工作出现问题，上司在多次劝告她无效后，只能让她另谋高就。

在职场中，跟他人交往的时候，要懂得收敛自己的锋芒，不要认为自己是最优秀的。不要随心所欲地想干什么就干什么，想说什么就说什么。要多站在别人的角度思考问题，你只有站在他人的角度上思考，才能了解别人的真正意图，也才不致树敌太多，让自己被孤立。有些事，能让给别人做的，就让给别人做；有些话，能让给别人说的，就让给别人说；有些风头或功劳能让给别人抢的，就让给别人抢。

总之，你要谦和、不多事、谨言慎行，如此才能平顺。隐藏自己的锐气，做一个成熟而有智识的人，你的路就会好走很多。

言谈举止决定你的职场生涯，你要注意自己的言谈举止，尽量避免因为言行不当伤害到别人，导致自己在职场交际中的失败。

做心志的主人，他人便不敢轻易否定你

现实中，我们习惯了在别人注视的目光下生活，也慢慢喜欢用一些华丽的包装去粉饰自己。当能力、成绩得到周遭的鲜花、掌声和无数的赞美声时，才有种被肯定的感觉。然而一旦自身价值受到众人的质疑和鄙视，在"嘘"声满天飞的口水中，我们便会对自己彻底失去信心。

"我觉得你完不成这样的任务。"

"你也没经验，坚持下去也是徒劳。"

"你的性格不适合从事这个行业。"

"原谅我不能嫁给你，跟了你我看不到未来的希望。"

……

太多的否定从四面八方涌来，犹如电闪雷鸣般，七嘴八舌的议论，让我们手足无措。就像参加《非诚勿扰》的男嘉宾受到 24 位女士"刻薄"的指摘时一样，自我肯定的防线一降再降，甚至开始怀疑自己的能力和魅力。当受到别人否定的"批判"，你会变得异常怯懦、自卑；当看到风光无限的朋友们时，自叹技不如人，认为自己一无是处。

浮华背后的都市生活，让我们不堪重负的心灵焦虑不安，所以时常

希望从别人赞许和支持的目光中，得到一丝丝的勇气，但是你会发现自己的想法"很傻、很天真"。旁观者大多戴着"有色眼镜"在审视你，所谓"伯乐"更是可遇不可求的，所以真正了解和肯定你的人只有自己，一定要适当地让自己拥有一种"不服输"的倔强。

许多人总觉得别人拥有的种种幸福是自己不会拥有的，自己亦不能与那些命运好的人相提并论。然而他们不明白，这样的自卑自抑、自我抹杀，将会大大减弱自己的自信心，也会大大减少成功的机会。试想，一个连自己都不"挺"自己的人，还奢望别人能给你怎样的肯定和鼓励呢？哈佛大学心理学教授泰勒·本·沙哈尔说："当我们不接纳与生俱来的价值时，我们其实是在渐渐地破坏自己的能力、潜力、喜悦和成就。"

所以，大家应该记住：在这个世界上，除了你自己，没有人可以否定你的价值。

她出生在一个贫穷的山沟，生下来时就只有一只手。她还患有小儿麻痹症，右腿萎缩。在她5岁时父亲病故，母亲是一个智力存在障碍的人。

19岁那年，母亲走失后再无音信。她靠着村民的捐助念完高中，但是当收到大学的录取通知书后，她选择了放弃。因为高昂的学费，已经不是村委会能负担得起的了。当时很多人都认为，这样的女孩就算大学毕业也找不到好工作。

她从小酷爱唱歌，天然没有杂质的声音像铜铃一般悦耳，放羊的时候总会高歌一曲。但是全村的人都在背后议论，身体上有残缺，又没经过专业的声乐训练，想在音乐上有所发展真是有点"天方夜谭"。然而她却并没有听到闲言碎语就放弃唱歌，也没有因此而感到自卑。

当全村人都为她发愁时，她锁了家门，拄着双拐，整整用了三天，走出了山沟。没有一个人相信她能出去工作挣钱。但她却毅然决然地走了出去。她告诉自己：我一定能找到工作养活自己。一路上还不停地叨念着："老天爷把一条命交给我了，我一不能死，二不能伸手要饭！"

在省城，工作并不好找，几天后，她选择了擦皮鞋。在小区门口擦皮鞋，边擦皮鞋边给光顾的客人们唱歌。每次擦完皮鞋后大家都夸小姑娘声音好，带着愉悦的心情离开。她相信就算自己这辈子不能做歌星，但是能用甜美的声音给别人带来好心情，也实现了自己的价值。

久而久之，她的故事被有心人拍了下来，并在报纸上作了相关报道。于是慕名而来擦皮鞋的人越来越多。直到有一天，一家专业制作手机彩铃下载的网站，主动找到了她并愿意跟她签署长期的合作合同，让她用自己的好嗓子录制手机彩玲的音乐和网站的原创广播剧。

从此，女孩凭借自己的好声音找到了一份不错的工作，而且她的作品也成了网站点击率较高的作品之一。

女孩没有因为周围人异样的眼光和质疑的态度而自暴自弃，就算身体残疾也没有彻底否认自己生存的能力，而是坚定爱好并不断地给自己打气。

很多时候，我们遇到困难就会责怪命运不公，总以为自己的能力有限，于是逃避退缩。其实只要再努力一点点，幸福就触手可及，成功只需要多一点自信。自信与积极乐观的态度犹如风帆，那是你乘风破浪的必需品，能使你披荆斩棘，直达彼岸。

一位哲人说："你的心志就是你的主人。"不要因为别人不信任的眼神而忧郁迟疑，也不要因为别人质疑你的能力和理想而萎靡不振。要知道，没有自信与积极乐观的态度，就如天空飘浮着的浮云，游移不定，没有光彩。

如果这个世界上还有一个人有资格否认你的价值，这个人就是你自己。如果你真的向自己投降了，那么也就将幸福拱手让出了。我们应该时刻铭记自信者的格言："我想我能够的，现在不能够，以后一定会能够的！"

第二章

情绪调节：懂得自控不会无端发脾气

决定一个人命运的，不是他的性格，而是他的情绪。一个无法控制自己情绪的人，遇到事情时总会负能量爆棚，时不时情绪低落，有点困难就想放弃，每天充满牢骚……这样的人，做什么事情都不会成功，任何人都不愿意接近他们，而他们自己也会觉得生活烦躁。若你能成为情绪的主人，遇到事情总能从积极的一面看待它，就会发现生活很美好，那些困难都是上天对你的锻炼。即使你在处理事情时不是那么完美，你也会觉得缺陷中亦有精彩。

蝴蝶扇动翅膀，也能引起龙卷风

"一只蝴蝶在南美洲亚马孙河流域热带雨林中扇动翅膀，导致了两周后美国得克萨斯州的龙卷风。"这就是混沌学中著名的"蝴蝶效应"。情绪中的"蝴蝶效应"则是指不注意微小的不良情绪，很可能酿成大祸。

每个人都可以是亚马孙的蝴蝶。丈夫责怪妻子，妻子把怒气撒在孩子身上，孩子在如此环境下长大，性格变得怪异，反过来抱怨父母。上司责罚经理，经理责骂员工，敢怒不敢言的员工把气转移到顾客身上，顾客投诉，公司声誉受影响。在我们身边，随时随地都上演着一幕幕"蝴蝶效应"。

邻里关系虽然与家庭幸福感没有直接关联，但却可以起到锦上添花的作用。

小张住在一个小区一楼，对面最近新搬来了一户人家。小张住在这里已有三四年，为了表示欢迎，小张主动到邻居家去串门，邻居也表示了热情，之后两家偶尔有走动。

渐渐地，小张开始对邻居产生不满。小张与对面人家共用一个楼道，在对面尚未住人时，楼道十分空旷，进进出出也方便。可是邻居习惯把垃圾放到楼道间，有时留存一两天才扔掉，一些生活垃圾甚至散发出异味。

即使垃圾桶离房子有一定的距离，也应该及时把垃圾处理掉，以免招来蚊子或是其他害虫。小张觉得这是常识，每个人都应该懂。他想也许是邻居刚搬来不久，家里事情太多，忙不过来。可是一个月、两个月，直到夏天来了，邻居仍然照旧。

小张假装无意间对邻居提起楼道不能堆放垃圾，邻居当时也赞同他的说法，可是事后仍不见邻居有所改变。小张有些不能忍了，准备直接去邻居家理论，家人认为不妥，毕竟抬头不见低头见，担心与邻居产生嫌隙，到时就不好相处了。小张与家人商量了下，决定请求管理楼房的物业人员帮助。

在物业人员找上邻居家后，邻居确实听取了物业人员的建议，每天及时处理垃圾。只是好景不长，没过几天，邻居又开始把垃圾留放在楼道间。在高温作用下，垃圾散发着恶臭味儿。

小张强忍着怒气，敲开邻居家的门，直接对邻居说了垃圾不能放在楼道间。邻居答应了，语气却有一丝不耐烦。之后邻居确实做到了。

尽管两家的关系僵化了很多，然而能恢复楼道的干净整洁，小张还是很高兴的。

小张每天骑摩托车上下班，因为没有买车位，摩托车就停在家里。一天当他下班回家时，发现楼道间停了一辆三轮车。小张认得这辆三轮车，是邻居的。本就不宽敞的楼道因为三轮车的停放而变得更加拥挤，小张尝试把自己的摩托车直接开进去，尝试了很多次，还是不可行。小张只得下车先把邻居的三轮车推出楼道，然后再把摩托车开进家里，最后又把三轮车推回楼道。

如果是几次小张还能忍，可是接连两三个星期了，邻居的三轮车还稳稳地放在楼道间。一天，小张索性把三轮车推到楼道外面，没再推回来。

当晚下了一场大雨，第二天一大早，邻居敲开了小张家的门。三轮车不见了，确切地说是在晚上被偷了。面对邻居的责骂索赔，小张终究没能忍住，与邻居大打出手，结果双方都伤得很重。

在互联网非常发达的今天，一些类似的事故屡见不鲜。因一句话而动手伤人最后受到法律制裁；因一时好奇而染上毒瘾最终家破人亡，虽然常见却仍旧让人心惊。联系具有普遍性，"因为掉了一颗钉子就掉了一只马掌，丢了一只马掌就毁了一匹战马，毁了一匹战马，就输了一场战争。输了一场战争，就丢了一座城池，丢了一座城池，就输了一个国家"。情绪的相互传递与相互影响，同样可以掀起一场风暴，导致或轻或重的心理疾病。重视自己的情绪，及时排解不良情绪，远离情绪风暴，需要注意以下几点：

1. 有意识保持友好的邻里关系

邻里关系是一种特殊的存在，俗话说千金难买好邻居，足见邻居的重要性。处理好邻里关系，在平常有需要时互借个东西，遇到急事时互相帮个忙，生活会方便很多。

2. 保持良好的卫生习惯

保持良好的卫生习惯，特别是在公共空间，如走廊楼梯，不堆放杂物，不屯放垃圾，如果碰到放垃圾的邻居，你可悄悄把它放到垃圾箱，以自己的实际行动来"说服"邻居。

3. 在交往中相互尊重与谅解

相互尊重与理解是人与人交往的基本原则，也适用于邻里之间。距离近会拉近彼此间的距离，同时产生摩擦的概率也会更大，这就需要彼此间更多的谅解。

4. 就事论事，用行动说服邻居

学会微笑，热情回应邻居的打招呼。当邻居的言行让自己极其不满时，要克制自己，不要冲动，就事论事，让对方感受到他的言行确实给你带来了很大的困扰，他就会做出相应的改善。

维持一段关系极为不易，毁掉一段关系却很容易。因此注重细节是必不可少的。在理解的基础上，适时表达自己对邻居的关心，会为彼此的生活添加一味愉悦剂。

控制住脾气，更理性地解决问题

爱发脾气的人就像一颗定时炸弹，一不小心，便可能伤害自己且殃及周遭的人。脾气不好的人，常常会因为一点点小事便闹情绪。不看场合、不分事情轻重、不辨对错乱发脾气，不但有失修养，同时，也会让他人敬而远之。每个人都有脾气，但没有人愿意与一个脾气不稳定的人交往。

如果家里有一个脾气大的人，家里将会不得安宁。他会任意数落自己的家人和孩子，而原本高兴的一家人，便会因他的负面情绪而心情糟糕。脾气不好的人在工作中也容易碰壁，与领导、同事时常发生冲突，这样的人，不但惹人厌，还有可能因此丢掉自己的工作。

坏脾气其实是一种不自爱的不良习惯。无论是大事还是小事，总会有让自己不顺心的因素。你不必强制自己去喜欢那些你不认同的人或事，但要明白他人有权选择自己喜欢的人与事。不要把纯净的心灵变成情绪的垃圾桶，不把别人的不是全兜在心里，自己的心要自己爱护。

作为家里的独子，小宋从小便受尽了宠爱。无论要求是否合理，只要是他想要的，家人便想尽一切办法满足他。还是儿童时代的小宋，跟别的小孩打闹，不管是否是小宋的错，他的家人总会偏袒他，为他出头。任性、自私、爱发脾气的小宋，却被家人无限包容着。

随着年龄的增长，小宋的小性子没有丝毫收敛，甚至更为暴烈。只要稍微不如他的意，他就会大发脾气。小宋家人有时也觉得他脾气太暴，这样不好，却想不出更好的办法来让他冷静，只得哄着他。偶尔小宋的表现太糟糕，家人也会说他两句，小宋不但对劝说不以为意，还会顶嘴。不只在家里，小宋的臭脾气在学校也是有名的。与同学一言不合就打架，对老师的教诲也是左耳朵进右耳朵出。小宋在学校爱闹事，老师管不了，只得打电话给他的家长。小宋的家人频繁进出学校，却没有起什么作用。

性格一旦形成，是不容易改变的。当小宋不断闯祸，甚至多次犯下较为严重的错误时，家人才悔悟从小对小宋太过骄纵与宠溺。小时候的小宋会因生气砸碎邻居家的玻璃，少年时的小宋会因生气砸坏对方的小车，如今成年后的小宋会因生气随手拿起身边的东西砸向对方的身躯。在小宋砸伤他人的同时，自己也免不了受伤。家人劝说无效，最终狠下心痛打了小宋一顿，效果却适得其反。在一次与家人大闹后，小宋一气之下离家出走，之后与他人发生矛盾，受了重伤，性命垂危。

没有人从来不发脾气，当你感到愤怒，对身边的人或事感到不能容忍时，你便会发泄情绪。发脾气是生活中不可或缺的一部分，它可能出现在你赶时间却被车流堵住时，也有可能出现在你与家人吵架时，还有可能出现在你与同事闹矛盾时。只要是正常的人，便会产生情绪波动。只是，不乱发脾气是一个人成熟的标志。当你能够克制自己的冲动，控制自己的情绪，理智地对待让自己发狂的事或人时，你便是一个身心自由的人。

如果你止不住发脾气，待冷静后，便要对自己生气的原因作认真的反思，明白乱发脾气的原因及代价。你也可以寻找信任之人进行监督，让他在你失控时及时提醒你。通过多次实践，定会有所收获。

发脾气是无师自通的一件事，从小孩到老人，不管何种学历，都有生气的时候。但发脾气往往会把事情越弄越糟，不乱发脾气，才能更好地解决问题。

若是每天抱怨，生活将失去光彩

曾看到过一句话：读喜欢的书，爱喜欢的人。如此简单，如此美好。像午后窗栏下，慢慢呈现于绣布上的幽兰，两三笔，几片叶，甚是简洁，甚是美好。又或像闲坐躺椅，以书盖脸，短短一个盹儿，合着一帘清梦，遨游天地。梦醒，情景已模糊不堪，但也无妨！

我们常常觉得累，痛苦与焦虑甚至抱怨都在不经意间占据了我们的心灵，让我们的负面情绪越积越多，最终难以自拔。其中固然有世事变化无常的原因，更重要的一个原因就是我们走入了一个误区——放大了痛苦与焦虑。很多时候，我们面临不幸，痛苦被放大，抱怨越来越多，心情也越来越糟糕。

古时候，同村的两个秀才一起赶赴京城参加科举考试，两人在一个小店租了一间屋子同住。就在考试的前一天晚上，这家店被小偷"光顾"了。这两个秀才也不例外，他们身上的钱财以及包袱里的衣服都被小偷偷走了，他们一无所有。

在这种打击面前，两个秀才却有不同的心态。甲秀才想："这也许是上天对我的一次重大考验吧！'天将降大任于斯人也，必先苦其心志。'或许这次我就能考上。"想到这里，他把钱财、衣服被盗的事情都抛到了脑后，然后安心地睡了一觉，第二天精神抖擞地走进考场，结果金榜题名。

乙秀才则是想："这下子全完了，要是这次没有考上，又没有了盘缠，怎么回家呢？怎么面对父老乡亲呢？"他还不断地抱怨小偷，整晚都想这些事情，第二天心事重重地走进考场，结果名落孙山。

甲秀才之所以能金榜题名，一个重要的原因就是他乐观的心态，这使他能缩小痛苦，放大快乐。相反，乙秀才之所以榜上无名是因为他心事重重，凭空增加了自己的心理负担，放大了痛苦。

在上班路上，遇到了堵车可能会迟到，这是一件很普通的事情。可是，有的人偏偏进行了无限联想：迟到了不仅会被批评，而且还会扣奖金，影响到年终考核，甚至影响晋升……根据这个逻辑，可以想象这样的人该有多么痛苦，活得该有多么辛苦。

选择了放大痛苦，那么痛苦就会占据你的视野，坏情绪也就会随之放大。在人生路上，背着这么大的痛苦上路，被这么大的坏情绪影响，你的脚步会越来越沉重，路也会越走越窄。

孩子感冒了，焦急的母亲一边守着孩子，一边又着急地想道：孩子的学习肯定会被耽误，肯定会影响期末成绩，肯定会影响升学，肯定会影响就业……在她看来，一场病就会耽误孩子的一生。这种"破坏性"的联想实在要不得。

卢梭说过："除了身体的痛苦和良心的责备以外，一切痛苦都是想象出来的。"有时候，那些让人伤心、痛苦、焦虑的事情并非有多么严重，只不过有些人爱瞎琢磨，会"想象"出很多痛苦。

有一天，一位老妇人不小心将一个鸡蛋打破了。本来一个鸡蛋破了也不是什么大事，可是，这个老妇人却觉得自己受到了不可估量的损失。她想道：如果这个鸡蛋没有破碎，那么可以孵化出一只小鸡。如果孵化出来的是母鸡，那么它长大后又会产下很多蛋。那些蛋又可以孵化出很多小鸡。鸡生蛋，蛋生鸡，这样下去的话，那我岂不是失去了一个养鸡场？最后，老妇人痛苦万分。

这听起来似乎太夸张了，但生活中这样的人偏偏还很多。他们把原本的小痛苦无限放大，结果自己沉溺其中，不能自拔。

心理学家曾做过一个有趣的实验，目的是研究人们常常忧虑的令人烦恼的问题。心理学家要求实验者在周末晚上将未来一周内所有的忧虑和烦恼都写下来，然后投入一个指定的"烦恼箱"里。三个星期之后，心理学家打开了这个"烦恼箱"，经过核实发现，很多人的"烦恼"并没有出现在生活中。由此看出，烦恼真是人们自己想出来的。

放大痛苦的人爱抱怨，因为他们没有认识到痛苦与挫折的客观性。

其实，遭受挫折是一件非常平常的事，这本就是生活的一部分。没有挫折，人的生活是不完美的。

放大痛苦的人爱抱怨，因为他们没有找到背后的心理原因。他们不知道是否是自己太过追求完美，是否太看重事情的结果，是否太注重他人的评价等。

放大痛苦的人爱抱怨，因为他们没有正视现实的压力。苦恼的产生，常常由于生活中有一些我们不愿面对的现实压力、心理冲突，如婚姻中的矛盾、工作中的压力、人际交往的冲突等。人们由于一时束手无策，所以滋生了抱怨心理。我们要做的是学会正视它们，并及时解决它们。

放大快乐，就是珍惜眼前每一个小小的快乐。清晨起床，拉开窗帘，看到的是好天气；上下班的时候没有堵车；工作的时候被领导赞扬了一句；奖金涨了100元……这些都是值得我们快乐的理由，将它们当作很大的快乐来对待，我们就能从中获得持久的回味。

一个人的快乐程度，并不是由他拥有多少财富决定的，而是取决于他看待生活的方式。一个悲观的人，即使腰缠万贯也会每日忐忑不安；而一个乐观的人，即使收入有限也能享受生活的乐趣。缩小痛苦，放大快乐，其实这就是我们要选择的生活态度。即便人生有些许遗憾，但它仍会是美丽和精彩的。

扫清内心忧虑，以乐观的情绪看待人生

国学大师翟鸿燊在一次讲座中这样说，思考力不仅仅是用脑袋，而

是用心性来思考。中国的传统文化这个"心"，不是指心脏，是心智模式、心性……看到这张脸就知道你的内在，这是很关键的。相由心生，改变内在，才能改变面容。一颗阴暗的心托不起一张灿烂的脸。有爱心必有和气，有和气必有愉色，有愉色也必有婉容。

这段话实际上是告诉我们，人外在的一切表现都是由人心所生：快乐、悲伤、烦恼、痛苦的表情皆是内心的反映，它不受外界任何因素的制约。对于同样的事物，人的心态不同，其结果也是不同的。

从前有一个小和尚，他刚到一个寺庙不久，老和尚分配给他的任务便是每天把寺庙的院落清扫干净。

时值秋季，寺院里面有很多落叶。所以，清扫这些落叶便成了一件苦差事，小和尚每天都要花费很多的时间才可以将落叶清扫完毕。但是，每一次秋风过后，落叶便又再次飘舞飞落，小和尚还需继续打扫，这让他痛苦不已。

其他的和尚给他出主意："你每天在扫院落前先用力摇树，把那些将落的叶子晃下来，那清扫一次后，便有一阵子不用打扫啦！"小和尚觉得非常有道理，于是按照这个方法实行了。他清晨起了大早，奋力摇树，然后自认为把今明两天的落叶都一次清扫干净了，这让他一整天都心情大好。

谁知第二天，小和尚刚到院子便傻眼了，落叶依旧铺满地。这个时候老和尚走了过来，垂眉低语道："无论你今天如何用力，明天的落叶依旧会飘落的。"小和尚听了终于顿悟，是啊！世界上很多事情是不能提前的，认真地做好当下才是最为真实的人生态度。忽然间小和尚的内心产生了一种满足和快乐感，他内心所有的苦恼、疲惫、绝望统统消失得无影无踪……小和尚认识到了清扫落叶这份苦役蕴含的哲理，于是他不再抱怨和焦虑了。

小和尚先后做的是同样的事情，但是由于不同的心态，结果也不同。当他将清扫落叶当作一种苦役时，心中就充满了烦恼、痛苦和绝望；当他将清扫落叶当作一件有意义的事时，心中便充满了满足和快乐，最终也获得了心灵的解脱。

由此可见，任何烦恼和快乐都是由我们的内心决定的。如果我们用悲观的心态看待事物，最终得到的会是烦恼和痛苦；当我们用乐观的心态看待事物时，就能够得到快乐和满足。

约翰·杰西已经过了不惑之年，他最为在乎和担心的是自己两个可爱的儿子。他们虽年龄相仿，但是脾气、秉性却大相径庭。大儿子路易斯生来悲观，总是一副忧心忡忡的样子；而二儿子亚德却生来活泼，每天都乐呵呵的。为了让路易斯快乐起来，约翰平时对他加倍偏爱。

有一年的圣诞节前夕，约翰·杰西想试试自己的两个孩子，便特意给他们准备了完全不同的礼物，在夜里悄悄地挂在了圣诞树上。第二天早晨，哥儿俩早早地起床，兴致勃勃地想知道圣诞老人给自己的礼物。

哥哥路易斯收到了很多的礼物，足球、崭新的自行车、玩具枪、羊皮手套等，可是他一件件取出的时候却越来越不高兴。

于是父亲问道："怎么？这些礼物你都不喜欢吗？"路易斯便难过地说："你看这玩具枪，若是我拿出去玩，说不定会因为打碎邻居家的玻璃而招致一通责骂。这自行车虽然漂亮，我骑着出门也会高兴，但若是撞在树干上我受了伤可怎么得了。这羊皮手套虽然好，但是保不准我戴着出门就会挂在树枝上，也会增添许多烦恼。足球更不要说了，我总有一天会把它踢爆的，到时候可怎么办啊！"说完竟大哭起来。父亲看到这些，什么都没有说便出去了。

刚一出门，他便看到小儿子拿着自己给他的一个纸包笑个不停。父亲大惑不解，因为纸包里面什么都没有，只有一包马粪。父亲实在不明白小儿子圣诞节收到这一包马粪作为礼物如何能够笑得这么开心。于是父亲问小儿子："你为什么这么高兴？"他边笑边说："我的礼物是一包马粪，我想一定有一匹小马驹在我们家里呢。"随后他开始寻找，果然在自己家屋后面找到了一匹小马驹，随后亚德开心地大跳大笑，父亲见此场景，也开心地笑了起来。

快乐或悲伤完全取决于我们的内心，拥有乐观情绪的人无论看到什么都能看到光明的一面，而拥有悲观心理的人总是抓着黑暗的那一面不放，得到什么，都不会快乐。快乐源自于内心，并非是可以通过外界的一切金钱财物才能得到的；而悲观却是由自己酝酿而成，如同苦酒一般，自酿自尝，不能怨周围的一切人和事物。

在生活中，我们内心忧虑最大的来源并不是外界的"危险信号"，而是我们内心的一些想法。比如：我们总是会担心失业，担心身体的一些疾病，担心意外的事件等。我们的内心似乎潜在地灌输给我们一个想法："我们必须循序渐进按照我们的内心想象而生活，要平安且不要有太多麻烦和困难，一旦超出了这个范围，我们便无法接受了。"我们要知道，我们这样去烦恼，是不能改变任何事实的。

生命匆匆，只是一个过程而已。快乐是一天，悲伤也是一天，与其在烦恼和痛苦中过，不如快乐、幸福地活。

我们要想获得更多的快乐，就应该早一些摒弃内心的烦恼和痛苦，将内心阴郁的情绪打扫干净，迎接新的快乐和幸福的阳光。

控制情绪，需要学会委曲求全

古今中外，凡是能够成就大事的人都具备一种卓越的才能——中庸之道。待人处世不激进、不冒失，沉稳而又懂得忍耐，能做到这些，才能在官场及社会中处于不败之地。这也就是很多成功人士智慧之精华。

有人讲"处世让一步为高，退步即进步的张本；待人宽一分是福，利人是利己的根基"。细细品来很有道理，为人处世，忍让才是最高明、最根本的智慧。人生在世，处处争强好胜，妄露锋芒，并不是什么聪明的行为。俗话说枪打出头鸟，谁先凸显出来，谁就有先被打掉的危险。

《庄子·人间世》中曾经记录过这样一个故事，甚是耐人寻味。

来到齐国曲辕的匠人石，看见了一棵巨大无比的栎树，而这棵栎树被当地人视作神树。这棵树的树冠可以遮蔽数千头牛，树冠之大可想而知，树干就有数十丈粗，树梢离地面八十尺处方才分枝，要是用它造船的话，可以造十几艘。观树之人络绎不绝，而匠人却不看一眼，继续前行。匠人的徒弟看了大树半天，气喘吁吁地赶上了匠人石，说："自我跟随师父起，还未曾见过这般树木。但师父为什么看都不看一眼呢？"

匠人石回答道："快别提它了！如果用它造船，船必沉没，做棺椁会很快腐朽，做成器皿会坏得更快，作为屋门之材定不合缝，作为房梁定遭虫蛀。这树不是什么可造之才，所以才活到这般年纪。"

回到家后，匠人石梦见栎树对他说："你用什么和我比较？是那些可造之才？还是那些果树？那些果树待到成熟之时，果子就会被打落在地，之后遭到摧残的就是枝干，大小枝干会被通通修剪。各种事物也不过如此而已。我曾经被人砍得半死，最后得以保全，思来想去，我最大的用处就是无用。要是我真有用，还能安享天年吗？你怎么能用这样的眼光看待事物呢？你不过是将死之人，又怎么会真正理解不是可造之才的树木呢！"

最"无用"的反倒最长久，这不正是委曲求全的道理所在吗？一棵参天的古树，却要用弯曲的树枝、低劣的木质、树叶的怪味等来伪装自己，以使自己逃脱被人类砍伐的命运。老树况且如此自保，人类不也应该如此吗？

实际上，我们总喜欢把自己比别人的高明之处表现出来，恨不得自己得到所有人的崇拜，这种误区往往会让人钻牛角尖，最终树敌无数。古人说"藏巧守拙，用晦如明"，想要平静淡然地生活，就不要妄露锋芒，否则"功高盖主，主必压之"，尤其是在上司面前。

韩信身为汉朝开国第一功臣，曾多次献出妙计，定三秦，率军俘魏王，活捉越王歇，收燕荡齐灭楚，最后逼得项羽在垓下自杀。司马迁曾经这样评价他："韩信打出汉朝一半的天下，但他犯了功高震主的大忌。"

刘邦曾经这样问过韩信："你看我能统兵多少？"韩信说："最多不过十万。"刘邦又问："那你又能统兵多少？"韩信不敛锋芒地说："多多益善。"

刘邦因为这样的回答而颜面扫地，对韩信耿耿于怀。在打仗方面，刘邦确实不如韩信，但韩信不懂得身为人臣要收敛锋芒，常常在刘邦面前锋芒尽露，最终把自己逼上了绝路。

"韩信甘受胯下之辱"这个故事人尽皆知，为此，韩信被人们称为"能屈能伸"的大丈夫。但在收获丰功的同时，他不懂得收敛锋芒，一味在刘邦面前贬低对方、抬高自己，这样的人，谁能容忍。曾经的英雄最后竟死于狂妄自大，哀哉！

不以别人的冒犯而愤怒，不以他人的无理而争吵。懂得中庸之道，懂得权衡利弊，在任何情况发生后，能在短时间内思考出最有利于自己的方法，做出能够自保的策略，如此才能成为这个时代的成功者。

只有学会委曲求全，做到能屈能伸，懂得中庸之道，保全自己，才能够实现自己的人生目标。

掌控内心敏感地带，让生活变得安宁

每个人都有自己的缺点和不足，这是无法避免的。但是，我们中有不少人因为自己存在的缺点和不足而感到自卑，每每拼命地去掩饰和躲避，从而让本来很正常的生活现象变成了心中比较敏感的地带。"众口铄金，积毁销骨。"很多人的脑海里都会闪现这句话，他们害怕别人对自己的评价不高，害怕自己成为别人嘲笑的对象。其实，这个世界上，大多数人都是不在意你的，太多的敏感都是自找其扰，烦恼自卑的心理是你戴着"有色眼镜"看世界的原因。

敏感的深层是极度的不自信，走进自卑的心理误区。自卑的表现是感觉已不如人、低人一等，轻视、怀疑自己的力量和能力，而这正是成大事者最蔑视的！那么如何在成大事的过程中摆脱自卑心理的纠缠呢？

敏感的另一面是为自己的失败寻找借口，极度的不自信和脆弱的自尊心让一个人为自己的失败寻找开脱的理由。长此以往，不仅于事无补，心灵上反而会走进一个更加闭塞的领域。寻找借口、解释失败是人类的一个通病，有了人类历史的那一天起，也就有了各式各样在敏感支配下的借口。

20世纪80年代中期，他从一个仅有20多万人口的北方小城市考进北京广播学院（现中国传媒大学）。上学的第一天，与他邻桌的女生问他："你是从哪里来的？"极平常的一句话和一个问题，却成了他当时最大的忌讳。在他的意识里，出生于一个小城市，就代表了土气和小家子气，没有见过什么大的世面，在那些来自大城市的同学面前肯定会抬不起头来。

这个女同学普普通通的一句话，却让他在一个学期之内像沉默的羔羊一样，见到班里的女生总是躲躲闪闪，连一个招呼也不敢去打。在第一个学期结束的时候，同班的女生中，能记起他名字的人寥寥无几。

20年前，她也在北京的一所大学里上学。

由于自己的身体有些肥胖，大部分时间里，她都在疑虑和自卑中度过。过于敏感的她会疑心同学们在暗地里嘲笑她，评论她难看的身材。

她从来不敢穿裙子，更不敢上体育课。临近毕业的时候，她的学分还没有修够，不是因为学习不努力，而是因为她害怕参加体育长跑测试。老师说："只要你参加长跑，不管多慢，我都给你及格。"可她还是没有勇气跑。她害怕自己的身体一旦跑起来一定会显得愚笨，同学们肯定会在旁边讥笑她。她想跟老师解释原因，但是自卑却让她不知道该如何开口。她只能傻乎乎地跟在老师的后面，没有勇气解释，茫然不知所措。老师回家做饭的时候，她还傻乎乎地在后面跟着。老师感到很无奈，勉强给了这个小姑娘一个及格的分数。

后来，两个人都进入了中央电视台工作，在一个电视晚会上，她对他说："假如我们在一起上学的话，可能永远不会说话。你会认为，人家是北京的姑娘，怎么会看得上我呢？而我却会想，人家那么一个大帅哥，又怎么会瞧得起我呢？"

他，叫白岩松；而她，叫张越。

天下无人不敏感，成功的人之所以成功，是因为他们能够把敏感转化为前进的动力，不断地激励自己前进。身材弱小的拿破仑当上了法兰西第一帝国的皇帝；下身瘫痪的富兰克林·罗斯福当上了美国的总统，在人类的历史上写下了辉煌的篇章，是因为他们对待敏感地带从来没有敏感过。

敏感的情绪可能会时刻伴随着我们，我们无法做到情绪上的波澜不惊，但是，我们可以运用自己的聪明才智，把敏感疏导到一个正确的渠道。控制自己的敏感情绪，这样，就不会让敏感如同泛滥的江河一样淹没我们的心灵，造成无法弥补的后果，也不会有任何惨痛的事情发生。

若能不计前嫌，坏情绪将荡然无存

电影《中国合伙人》有一段情节让人印象深刻：成东青、孟晓骏、王阳三个好兄弟一起创业，但后来因为处世方式和价值观不同，三个人在大吵一架后分道扬镳了。再后来"新梦想"学校惹上了官司，就在成东青孤立无援最危急的时刻，另外两个好兄弟回到了他身边，愿意和他一起共渡难关。

不计前嫌的故事不仅发生在电影里，在我们的生活里同样比比皆是。春秋时期，齐桓公重用曾经暗杀过自己的管仲，这是一种不计前嫌；功成名就以后的梅兰芳能够主动照顾曾经把他轰出师门的恩师，这是一种不计前嫌；一个好心的女孩被摔倒的老人诬陷，真相大白后反而向住院的老人捐了一千多元，这同样是一种不计前嫌。

不计前嫌不仅仅是宽恕和谅解，很多时候它还意味着冰释前嫌，甚至是以德报怨。在生活中，忘掉一个人的过错其实并不难，难的是仍能以一颗慈悲的善心去面对那些伤害过我们的人。

朱莉亚如今已经年过六旬。她曾经嫁过一名伐木工人。婚后的生活不算幸福，丈夫贪杯以及酒后打人的坏习惯始终困扰着她，但为了家庭的完整，她都忍了下来。

后来，她丈夫丢了工作。朱莉亚靠做小生意赚钱来维持家庭生活。每天的生意都由她自己打理，丈夫从来不管不问，仍旧每天喝得烂醉如泥。有一年圣诞节，丈夫在酒醉后打伤了她的头。这让她彻底绝望了，终于下定决心选择离婚。

离婚三年后，有一次，她从别人那里得知前夫突然失踪了。原来，他在酒后突发脑出血，晕倒在路上后进了医院。朱莉亚来到医院，找到神志不清的前夫，并拿出自己的积蓄给他治病，后来还把他接回家中。

前夫患病后，生活不能自理，全要靠朱莉亚照顾。虽然辛劳，朱莉亚却释然了许多。她说："我和他毕竟曾是夫妻，他虽然做过伤害我的事，可我们一起走过那么多岁月。他如今遇到了困难，我不能坐视不管，要不然，他就彻底完了。"

在她的努力下，前夫的身体一天天好转。他对自己曾经犯下的错感到深深的内疚。

面对一个和自己已经毫无瓜葛的、生病不能自理的男人，朱莉亚完全可以置之不理，特别是这个男人还曾经深深伤害过她。但是，良心却让她不计前嫌，全心全意地照顾这个曾经可恶、现在可怜的男人。尽管他们最终没有复婚，但是一个悲剧能以这样的结局收场也算是一种圆满。这不仅体现了朱莉亚大度的胸怀，更体现出人性中的真善美。

我们不要总念念不忘于别人的"不好"，应该更多地想到别人的"好"。这不仅能使我们的生活变得和谐，对我们的事业发展同样非常重要。

尼万斯离开苹果公司已经有十年的时间了。当初他选择离开时，乔布斯和人力资源部部长盖勒对他苦苦挽留，但都没有奏效。

十年后，尼万斯深深感觉到自己当初离开苹果公司实在是一个错误，并希望回到公司继续工作。但是，他的复职申请被盖勒拒绝了。

不久后，乔布斯在研发一个项目时突然想到，尼万斯恰好适合这个项目，如果有他的参与一定能攻克技术上的难关。但盖勒仍然坚持，一个人必须为自己的"背叛"付出代价，这是他应有的下场，他没有资格再回来。

于是，乔布斯劝解道："每位员工都是公司的无价之宝，一旦被竞争对手挖走，损失将不可估量。他重返公司，不仅会让团队增加一位顶尖的人才，还能削弱竞争对手的力量，何乐而不为呢？"

后来，尼万斯终于如愿以偿，回到了苹果公司，而且比以前工作更卖力。在那之后，鼓励离职的老员工重返公司，成为苹果公司一项极具特色的人事制度。正如现任苹果公司首席执行官（CEO）库克说的那样："简单地以道德的眼光去审视员工的跳槽行为，将跳槽者列入黑名单，对于员工和公司而言都没什么好处。而宽容他们，给他们返岗的机会，也是给苹果公司机会。"

当然，不计前嫌并非没有底线的妥协，而是要我们搁置不愉快的经历，以宽广的胸怀去包容往日的恩怨。不睚眦必报，不落井下石，甚至还要学会以德报怨。即使我们的好心不能得到善果，至少对得起自己的良心。

吴承恩在《西游记》中写过一句话："遇方便时行方便，得饶人处且饶人。"不计前嫌是成大事者的心态，人世间任何一种旧恶都有重新来过的机会。很多时候，别人也未必是真的错，可能只是彼此之间的价值观存在差异罢了。假使对方真的错了，只要有诚心悔改之意，我们也没有不去饶恕的理由。

情绪低落时，别忘记家人就在身边

我们之所以能够幸福快乐地生活，与家人的支持与帮助是分不开的。没有父母辛勤抚养，没有兄弟姐妹相互扶持，没有爱人默默奉献，我们是不可能获得成功的。当你在人生之路上遇到困境时，千万不要忘记，你不是孤军奋战，你还有那么多深爱你的家人，还有一个温暖而幸福的家。

屠呦呦在获得诺贝尔奖时说："深深感谢家人一直以来的理解和支持！"李安在捧起奥斯卡小金人时说："感谢我的妻子，今年夏天是我们结婚三十年纪念，我爱你。感谢我的儿子们，谢谢你们对我的支持。"姚明在发表退役声明时说："我首先感谢的是我的家人，父亲、母亲是我人生的启蒙者，叶莉是我最好的倾听者，而可爱的姚沁蕾则是我们新的希望。"

无论我们正处于人生的高潮还是低谷，无论我们正聚焦在闪光灯下还是转身默默地离开，人生的每一个瞬间都少不了家人的陪伴、支持和理解。

家人是我们一生的至亲至爱，他们是在任何情况下都愿意为我们付出一切的人，他们在我们的生命中永远扮演着不可替代的重要角色。有家人在的地方就是我们可以避风的港湾。我们可以从家那里收获到至纯至真的幸福和无穷无尽的力量。即使我们遭遇人生的瓶颈，即使我们误入歧途，做了错事，家人始终都是帮助我们走出困境最有力的支撑。

浙江省某戒毒所通过实施以"亲情"为切入点的教育活动发现，家人的支持、亲情的感化对戒毒人员人格世界的改造有非常明显的积极作用。

每逢春节，戒毒所会开通亲情电话，让戒毒人员与亲人通话，在满足思亲之情的同时，戒毒人员也能得到家人的鼓励，从而产生"好好改造，重新做人"的无穷动力。

有的戒毒所还把采访戒毒人员家属的视频放给戒毒人员观看。当视频中 4 岁的女儿呼喊着思念妈妈时，当 83 岁的老母亲表达着对儿子的思念时，在场的戒毒人员无不以泪洗面。他们纷纷表示，已经意识到所犯下的一切过错，并决心尽最大努力，积极戒治，争取早日回到亲人身边。

家人，是我们改过自新的动力，是我们战胜困难的支持。亲情，是我们生病时的温暖呵护，是我们得意忘形时的当头棒喝。因为他们是我们最爱的人，是我们最值得信赖的依靠。他们平凡得像一汪水，让我们纷乱繁杂的灵魂变得纯净；他们热情得像一团火，让我们的斗志在绝望中熊熊燃烧；他们温暖得像一首歌，悠扬的旋律抚慰着我们受伤的心灵；他们无私得像一首诗，柔美的字句寄托着对我们的叮嘱与思念。

所以，当你在为人生的目标而打拼时，不要感到孤独，家人是你最坚强的后盾。即使他们没有足够的财富帮助你力挽狂澜，即使他们没有足够的智慧为你提供锦囊妙计，他们有的可能只是一句关心的问候、一个温暖的拥抱、一顿丰盛可口的晚餐，或是一阵让你不耐烦的唠叨。这些看上去微不足道，却恰恰是你人生中最珍贵的财富。

洛妮出生在澳大利亚，从小就非常喜欢动物。袋鼠和考拉都是她最好的朋友。她的梦想就是成立一个公益组织，保护非洲濒临灭绝的野生动物。起初，父母并不支持她的想法——一个女孩子放弃优越舒适的生活，选择到非洲草原那样恶劣的环境里去工作，父母怎么能放心呢？但是，在她的一再坚持下，父母最终还是答应了下来，叮嘱她说："既然你下了决心，我们一定会支持你，不过今后的路一定会充满坎坷，你要有思想准备。"

接下来的日子里，洛妮在这条路上走得非常艰辛。幸好有父母的关怀和支持，她才熬了过来。有一次，她在非洲感染重疾。父母亲自赶到宿营地去照顾她，她才得以脱离危险，身体也一天天好转起来。

洛妮虽然成了一名义工，但距离她的梦想还有着很长距离。后来，她回到国内，组建了自己的家庭。在现实面前的无力感使她情绪低落。她每天都无所事事，只是做一些家务寥寥度日。

有一天，丈夫对她说："我知道你一直都有着自己的梦想，你的内心也始终向往着非洲草原。所以，请不要把时间都浪费在那些毫无意义的事情上。你应该花些时间去拜访一些企业，争取获得他们的资助。"

在丈夫的鼓励下，她重新振作起来，并自己花钱出版了一本图书。书中的内容包括她在非洲时候的日记和拍摄的许多照片，以及她对动物保护的看法和规划。

她拿着自己写的书，拜访了当地很多知名企业。经过三年努力，她最终得到一些爱心企业的资助，成立了一个由几百人组成的国际野生动物救助组织。

梦想成真后的洛妮不无感慨地说，是家人的支持铺就了她成功的道路，如果没有家人的支持，她是不会走到今天的。

当来自家人的爱，默默地围绕在我们身边时，请不要让它错过。我们要用一生的时间去珍视它、呵护它。我们要把同样的爱赠予他们，要把人生中每一点的收获作为对他们最好的报答。

爱尔兰剧作家萧伯纳说："家是世界上唯一隐藏人类缺点与失败的地方，它同时隐藏着甜蜜的爱。"我们人生中大多数时间是和家人一起度过的。他们的谅解与宽容，让我们感到了来自家的温暖；他们的关爱与帮助，让我们有了面对困难时的勇气和力量。我们不会独行，因为身后永远会有家人的如影相伴。

生活中多微笑，用笑容转变你的心情

快乐与幸福可以说是世人所追求的最理想的生活状态，无论途中遭遇多少坎坷，人生最终的目的都是获得快乐和幸福。长期抱怨的人，很容易犯一个错误，那就是助长自己的消极想法，他们不会快乐，也不会幸福。有人曾经这样说过："我知道我不该抱怨、不该生气，但我不知道该怎样让自己不去抱怨、不去生气。这该如何是好呢？"

其实，有一个方法可以帮你解决这个问题，那就是微笑。人生，每天不一定都能快乐，但如果碰到了烦恼的事情，记得给自己一个微笑；碰到了生气的事情，给自己一个微笑，起码能使自己有一个好心情。

因为每个人的经历和对快乐的定义不同，所以快乐因人而异。乐观主义者说："人活着，就有希望；有了希望就能获得幸福。"他们能在平淡无奇的生活中品尝到甘甜，因而快乐如清泉，时刻滋润着他们的心田。微笑，本身就是一种感情交流的美好状态，对别人真诚地微笑，体现了一个人热情、乐观的心态；对自己微笑，则是一份乐观的自信，让我们的心灵一直生活在愉悦之中。

那些不善于微笑的人，总是悲观地看待周围的一切，结果就被悲观淹没了。

乐观开朗的小赵大学毕业后，应聘去了北京的一家大型外贸公司。上班的第一天，小赵非常谨慎，虽然公司离住的地方不远，但他为了给公司的人留下一个好印象，还是早早起床洗漱，之后穿上一套职业装，把自己打扮得非常精神。

他本以为，这样做可以引起公司领导和同事们的注意。可是事与愿违，到了公司之后，人力资源部经理把他领到他所工作的后勤部之后，就再也没有搭理他，同一部门的同事们也没有人主动跟他交流。

小赵在座位上等待部门经理安排任务，可是等了半天，经理也没有来，他只好去找。部门经理对他说："小赵啊，你去把饮水机的水换一换，再去帮大家买些充值卡，捎带着把大家的午饭买回来……"

从此，小赵就开始做这些琐碎的事情。过了一阵子，小赵感到非常郁闷和无奈，他也不知道该如何是好，拒绝吧，又担心部门经理会生气。本来对于他来说，帮助同事是非常乐意的一件事情，可是没有一个人说声谢谢，没有人对他的行为表示肯定。更让他生气的是，仿佛这些琐碎的事情在同事眼中都是他的"本职工作"。对此，小赵失落了好几天，脸上根本没有一丝笑容，心里也一直抱怨部门经理不"体察民情"。就这样，小赵在压抑和抱怨中工作了几个月的时间，最后辞职走人。

此后，小赵的情绪一直很坏，在求职中屡屡碰壁，完全没有了当初的劲头与信心，原本一个乐观开朗的小伙子变成了一个满腹牢骚的人。

小赵是职场新人，由于没有经验，所以没有处理好与上司、同事的关系，因而心生抱怨。但抱怨根本解决不了问题；相反，还会让自己的心情一直低落，而感觉不到快乐。我们周围还有很多像小赵一样的人，抱怨生活不公平、不如意，总是跨不过那扇快乐之门，一直生活在抑郁、忧伤之中。

人活一世，肯定会遇到各种各样的情况，其中肯定会有让我们感到心烦、让我们抱怨的事情，但这就是生活。很多人在面临这种情况的时候，常常会显得非常低落，甚至是手足无措，爱抱怨、发牢骚。如果你整天沉溺在自己悲伤的情绪中，或者沉浸在无边的恼怒之中，你就永远也发现不了快乐。

所以说，爱抱怨其实是很愚蠢的。要解决这个问题，非常简单，不管什么时候，不管面临怎样的情况，只要我们能够始终保持微笑就好了。微笑具有不可估量的力量，当你对一个人微笑时，他也会还你一个微笑，你们彼此都会获得一个好心情。

世界因你的微笑而改变，生活因你的"毫无怨言"而变得更加美好。

小刘是一家金融投资公司的部门经理，在同事们看来，他总是深沉而严肃，一天到晚脸上难以出现一丝笑容。正因为这个原因，他没有亲密的朋友，没有谈得来的同事。

他的个人生活也非常糟糕，与太太结婚十多年，日子过得非常枯燥无味。太太这么多年来，也难得看到他微笑一次。为此，太太不止一次抱怨过他。

一天早晨，小刘照例洗漱完准备上班。突然，他从镜子里看到自己绷得紧紧的脸孔，感觉非常僵硬。他吃了一惊，心中开始不安，最后他决定去看心理医生，他将自己的苦水倾倒了出来。医生建议他多微笑，逢人就微笑。

看过医生后，小刘尽量按医生的要求做。早餐时间，太太叫他吃早餐，他立刻高兴地回答："我马上来。谢谢你天天为我做早餐，你辛苦了。"说着便满脸笑容地走了过去。谁知他的太太愣了，没有想到他今天会跟往常不一样。不过，她还是高兴地说："你今天是不是遇到好事情了？"他愉快地回答说："从今天开始，我们都要生活在喜气洋洋的氛围中。"

来到公司后，小刘微笑着向同事们打招呼。大家在诧异和好奇中慢慢地接受了他的转变，并对他报以微笑。慢慢地，他跟同事们打成了一片，无形之中关系拉近了不少。如今的小刘跟之前完全是两个人，之前他深沉、严肃，而现在他快乐、充实，感觉自己充满了能量。

如果你能意识到自己不该抱怨的话，那就应该时刻保持微笑，积极调控情绪，多跟积极阳光的朋友往来，每一天都在愉快的气氛中度过。

无论生活给了你多少失落和波折，人生给了你多少辛酸，只要你回报一个微笑，让微笑的花朵永不凋谢，那么你就能拥有内心的宁静与淡然。给生命一个微笑，你的生命将因微笑而精彩，你的微笑同时也将因生命而美丽。

第三章
激发潜能：在挫折中锻造勇敢的心

　　让内心强大，首先需要有一颗勇敢的心。如果你的内心变得勇敢，你就能承受住外界给你的挫折与打击；如果你的内心变得勇敢，在面对任何困难时你就会有战胜它的勇气；如果你的内心变得勇敢，在解决任何事情时你就不会颓废、轻易放弃，而是变得充满热忱与激情。让自己成为强者，增强自控力，培养一颗强大的内心。

增强控制感，让内心逐渐强大

有些人在面对突发事件的时候，总是能够做到处变不惊、运筹帷幄，这种强大的魅力令人折服。他们之所以会给人这样的感觉，完全来自他们个人的控制感。试想一下，你在做一件十分有把握的事情时，你的内心是怎样的？必定是信心满满、不慌不惊，即使有一些让你意想不到的事情，你也会有条不紊地处理，因为你心里有数，有控制的能力，能够控制事情的发展及走向，当然也就没有所谓的无助及绝望。这就是控制感带给你的能力和气场。

那些内心强大的人，表现之一就是他们有很强的控制感。即便在面对压力和打击的时候，他们也能够掌握好自己，将一切打理得井井有条。

这里有这样一则小故事可以说明这个道理。

一头小象从小就被拴在一个小木桩上。刚开始，小象一直想要挣脱拴它的木桩。它努力了一次又一次，却发现不管自己怎么努力都无法挣脱，最后，它放弃了努力。它认为自己是无法挣断绳索的。随后，小象长大了，小木桩对它庞大的身躯来说根本不值一提。然而，大象一直都被拴在木桩上。这是因为，大象过去无数次的失败经验已经让它的内心失去了控制感。

一位研究者来到一所疗养院，做了这样一个实验：他将新来的老人随机分成了两组，一组给予他们控制自己的权利，而另一组没有给予这种权利。

在给予控制权利的一组，研究者把他们安排到了一个小屋子，然后对老人们说，养老院将会给予他们最好的生活条件，但是他们的生活依然要自己来负责，一些生活上的决定他们必须要自己做出。

而他们需要做出决定的内容包括房间布置的样式、电影要在何时放映、听什么样的音乐等。最后，研究者给了这一组老人每人一株小植物或者一个小动物，并要求这些老人照顾它们。

而对于另外没有给予这种权利的一组，研究者也给予了这些老人同样的生活待遇，但他告诉这些老人的是：只要在这里安心养老就好，其他什么事情都不用操心，一切大小事务都由养老院来安排。同样，他最后也给了每个老人一株小植物或者一个小动物，不同的是，他告诉这些老人，这些植物及动物只需要他们欣赏就可以，不需要他们照料，有护士帮他们照料。也就是说，他们不需要做任何事情。

过了一年之后，实验结果表明，给予了自由控制权的这一组老人生活得更加快乐积极，并且能够和他人有很好的沟通，死亡率只占15%；相反，没有这种控制权的老人则郁郁寡欢，精神状态明显不如从前，而且死亡率达到了35%。

其实，案例中讲到的自由控制的权利就是一种控制感，有控制感的老人懂得安排自己的生活，他们将命运掌握在自己的手里，于是他们能够主动去选择喜欢的生活方式，从而增强了内心的动力，让内心有了追求和希望。在日渐强大的内心中，他们逐渐找到了生活的乐趣。反之，没有控制感的那些老人，对生活产生一种厌倦感，久而久之，内心就会变得软弱而没有方向感。

真正影响一个人控制感的，是人们对自己命运的掌握，也是人们在面对压力时的感受和处理方式。

一个人的控制感越强，他的内心就会越自信。这种自信会让他有勇气和力量去面对生活的挫折和打击，令他的气场逐渐强大。他的控制感越强，解决事情的能力就越强，这样的人会充满激情地生活。反之，控制感弱的人，生活中总是弥散着无助和绝望，他们会怀疑自己的办事能力，觉得上天不公平。其实，这不过是他们内心不够强大的表现。

那么，如何能够增强控制感？

1. 主动调整自己的情绪

控制感强的人往往拥有平稳的情绪。很多时候，一个人的情绪往往反映了他的生活态度和生活状态。生活中难免会遇到压力，用积极的情绪去面对问题会让内心变得强大。一个时刻保持乐观积极情绪的人天生拥有一种特别的感染力，这种感染力在社交场合中往往能够出奇制胜，赢得他人的瞩目。

2. 主动独立解决问题

一个能够独立解决问题的人必然有一颗强大的内心，这基于他对于自己的信任。控制感强的人，必然能够在面对一件事情的时候做出自己的判断，并能够尽自己的能力去解决问题。所以，当生活中遇到一些问题的时候，我们不应该回避，应该尝试想办法去解决问题。

当问题被解决的时候，你的内心也会获得极大的满足感。当你将解决问题当成一种习惯的时候，你的气场就显现出来了。

其实，我们也可以把控制感理解成为一种骨气、一种控制力、一种斗志。比如两个接受同样磨难的人，一个人自认霉命，认为没有可能去战胜这种困难，找不到战胜困难的方法，因此他也许会受尽这种磨难的折磨；而另一个人在与磨难做斗争的过程中找到了战胜困难的方法，因此他在每次遇到这种磨难的时候都能够很快地解决，能够控制这种磨难的腐蚀。结果是显而易见的，后者的意志、自信心、积极性肯定要比前者的强很多。

一个人的控制感，就好比这个例子，公司要精简人员，有的员工开始自暴自弃，而那些内心坚定的员工则相信自己是优秀的，自己是不会被替代的，他们反而比以往更加卖力工作。

这就是个人控制感的差别，控制感弱的人容易对生活失望；而控制感强的人则能坦然面对人生的每一次冲击，主动掌握自己的命运。

释放潜意识，激发内心潜能

积极的自我暗示可以增强自信，而强大的气场则让人的心理暗示增强可信度。

在 20 世纪之后，心理学家们曾用无数实验和文字论述，证明了潜意识的强大。从此，这个学术结论被广泛运用于成功学，几乎每一位里程碑式的成功学大师，都会在他们的教程里长篇累牍地讲授"自我暗示"的重要。

心理暗示的效力甚至蔓延到了临床医学，在西方，很多病人被诊断出得了绝症之后，医生只将诊断告知病人的一位家属，然后让病人以及其他家属蒙在鼓里，只告诉他们病人得的病不重。

然后，医生让绝症患者生存在一个没人认为他身患绝症的环境里，再辅以积极治疗，没多久，病人的病竟然奇迹般地痊愈了。

被誉为"现代短篇小说之父"的欧·亨利，曾写过著名的微型小说《最后一片叶子》，内容梗概是这样的：

一个叫琼西的女孩在学画的过程中得了肺炎。她躺在旅馆的床上，忽然注意到窗外常春藤上的叶子，从此便认定这些叶子是她生命的象征，等到最后一片叶子一落，她就要死了。

有一天晚上，暴风骤雨突然来临，她想那些叶子一定保不住了，于是哭得很伤心。但是，她第二天拉开窗帘一看，有一片叶子依然在。于是，她十分高兴，病也暂时有所好转。

其实那片叶子本来已经被吹落。她看到的那片叶子是一位老画家为她画在墙上的。

当一个人相信自己能做到某件事的时候，他就能做到——这不仅仅是一句口号。在临床医学上，无数人靠着这个信念战胜了病魔。

在生活或事业中，我们也要尝试这样去做，告诉自己没有战胜不了的困难。只有这样，你的道路才会越来越顺利，越来越光明。

在加拿大安大略省一个有些落魄的家庭里，有一个名叫金的小男孩。金学习成绩一般，唯一拿得出手的就是他能扮出各种夸张的表情。

后来，金长大了，决定去美国做演员。他给自己定的目标是一千万美元的片酬。于是他找到一张空白支票，在上面写：支付给金一千万美元。

金就这样开始了他的演艺事业，每天起床，他都拿出这张空白支票看一眼。终于，在 1995 年年底，金接到了一个两千万美元片酬的合同。他的梦想终于实现了。

金不是别人，正是主演了《变相怪杰》《冒牌天神》等电影的美国喜剧天王——金·凯瑞。

金·凯瑞的故事为我们塑造了一个心理暗示带来成功的典型范例。事实也是如此，当一个人遇到困难时，若只知道自怨自艾、妄自菲薄，认为自己不行，那么他就真的不行了。而像金·凯瑞这样，拼命地鼓励自己坚持住，就真的能战胜困难。

有句话说得好，"战术上重视敌人，战略上藐视敌人"。我们要在细节和技术上做到完美，但无论面对多强大的敌人，都要抱着必胜的心态去战斗。

这就是心理暗示强大的表现，潜意识的主导其实来自心理暗示。一个人若拥有强大的自信，那么他潜意识的自我暗示一定很强。反之，则会被潜意识控制，常常堕入消极，难以自拔。

坚持下去，建立起强大的信心

困境当头，有的人抱有信心，并采取行动突破困境；有的人畏缩不前，对前景忧心忡忡。那么到最后，哪一种人能屹立时代潮头，成为众人瞩目的焦点呢？答案当然是前一种人。

不是有这样一句话嘛，努力了不一定成功，但不努力一定不成功。其实，面对困境的态度，同样是在考验我们是否肯努力、是否在努力。

智者告诉我们："人可以通过改变自己的心态去改变自己的人生。"换句话说，我们有什么样的心态，就会有什么样的生活方式，就会有什么样的心情。只有拥有好的心态，才会有好的心情，有了好的心情，才会用心做好身边的每一件事。

那么，什么叫好心态呢？简单来说，就是正确认识人生、认识自己。要知道，生活是不可能按照我们的意愿去进行的。生活有时候往往和我们所向往的事情背道而驰，但这就是生活。所以，好的心态就应该是不以自己为生活的坐标，接受现实，改变自己。只有这样，我们才能享受生活，感受幸福。

小张四年前毕业后，来到一家规模较大的地产公司工作。四年的时间里，她从最开始的业务员做到了现在的业务经理，每个季度的业绩都是全公司的前三名。

由于小张出色的表现，深得老板的器重，同事们有难办的客户也都习惯求助于她，手下的员工们也尊重她，这使小张的人气很高。

在她看来，这个季度的区域经理人选非她莫属了。她所在的公司人事升迁制度是内部升迁，按业绩排名和综合成绩择优挑选。也就是说，她现在的级别是业务经理，如果顺利的话，按照她的业绩，这个季度她就可以升任区域经理了。

因此，自从升迁的消息传出来之后，小张就感觉同事们都在有意奉承甚至是巴结她。她自己为此也有些得意扬扬，毕竟还不到30岁，如果能做到区域经理，在这家公司还是破天荒的事。

很快，人事部让她去领取业绩考核单了，并且让她核实了自己的个人资料。看来，公司马上就要宣布任职通知了。想到这里，她不禁心花怒放。

可是，让小张乃至所有人没想到的是，升任区域经理的居然是另一个人，大家都不明白为什么理所当然的她落选了。得知这个消息后，小张的情绪开始急转直下，强烈的挫败感让她觉得难以在这家公司再工作下去了。

小张在工作方面是个很优秀的女子，可是就因为习惯了这种优秀，让她难以接受出乎意料的挫败。

可是，我们再想想，生活中这样的事不是很多吗？很多事看上去是理所当然的、是必然的，于是人们就理直气壮地去主观判断、下结论，然后按照自己主观的想法去行事。这样做的结果往往是到最后出现出乎意料的情形，事情没有按照自己的认识、意愿和判断去发展，甚至是朝着完全相反的方向发展了。这时候，大多数人都是无法坦然接受这样的事实甚至是打击的，于是就影响了自己原本积极的心理状态。

其实，在现实生活中是没有所谓的"想当然"的事情的，每个人的人生都有很多的路要走，但不管你走的是哪一条路，困难、艰苦与其他意想不到的局面都可能会出现。

因此，我们不能对生活下定什么结论，不能把自己置于一个注定、安稳的想象环境下，更重要的是也不必动辄改道或临阵脱逃，唯有坚持下去，才能建立起坚强的信心，获得最后的胜利。假如在一件事情上我们已经付出了很多努力，那么即使遇到困境，即使暂时的结果和我们的想象与期待大相径庭，我们也不应轻易放弃，也要坦然面对。只有这样，我们才不会前功尽弃，才不会在黎明前的黑暗中倒下。

在困难中磨炼，变得坚强与成熟

我们每个人都想避开痛苦，没有人愿意去遭受打击。但是普通的钢材只有经过高温的煅烧和铁锤的锻打，才能成为精钢；同样，一个优秀的人只有不断地在困难与挑战中磨炼，才能增长才干，变得坚强和成熟。

任何一个人的人生都不可能是一帆风顺的，总会遇到这样或那样的挫折。面对挫折打击的时候，一些人由于自身的承受能力较小，常常被挫折击败。比如，有的人失败了就从此一蹶不振；有的人受到老板的严厉批评，就有辞职走人的念头；有的人把事情搞砸了，就惶恐终日，寝食难安；有的人因受到别人的冷嘲热讽，就觉得暗无天日，满肚子阴霾……

挫折可以摧毁一个人的梦想，甚至可以击垮一个人的生命。对绝望的人来说，挫折就是一座坟墓。然而，挫折并不可怕，可怕的是因绝望而放弃希望和努力。没有一条河流会永远波涛汹涌，也没有一条道路会永远坎坷泥泞。只要你相信面临挫折也会有一线希望，拥有良好的心态，不轻易低头和服输，那么，挫折就是你播种希望最肥沃的土壤，就是你成为匠人的进身之阶。

"汽车大王"亨利·福特曾经面临巨大的挫折，但他没有逃避，最终反败为胜。1903 年，亨利·福特开始独立生产汽车。到了 1908 年，他便推出了第一批有名的 T 型轿车，立刻席卷全美汽车市场。往后的 19 年间，他大量生产此种 T 型车，不再有任何其他的创意与改进。到了 1926 年，在低价位市场中福特最强劲的对手雪佛兰却推出一批新型、舒适且马力更强的车子，不但外形新颖，而且色彩亮丽。亨利·福特面临汽车市场的巨大挑战。

强劲对手雪佛兰上市后，人们就喜欢上了这种新颖、舒适、马力又强的轿车。随后，福特汽车的大批商业地盘立刻失去，直线滑落的销售量让亨利·福特大伤脑筋。看着遥遥领先的雪佛兰，他不得不承认：市场景况与前时相较，真是不可同日而语。许多专家们也预测，在汽车业中福特再也追赶不上雪佛兰了。毕竟其整个公司的营运正每况愈下，一如其他小型企业，成功只是昙花一现的工夫，只是独领风骚十多年而已。这些专家在预测时似乎未将亨利·福特个人的特质一并估计进去。的确，他失去了市场，正遭逢空前危机。然而离"失败"还差得远呢！至少他个人并不打算认命。

1927 年春天，亨利·福特关掉了自己的工厂。尽管在此之前他曾一再声明要推出新型车，然而福特工厂"倒闭"的谣传仍然不断。有人说亨利·福特的工厂不可能再开张了。甚至还有人断言，即便他再度开张，所推出的新车也不过是 T 型车的翻版，不可能再有新的创意。

到了 1927 年 12 月，亨利·福特以实际行动证实他重整旗鼓的决心，推出了新研制的 A 型车，这回不论在外形、动力及售价方面都比雪佛兰更胜一筹。这种车型立刻在汽车市场中引起巨大骚动，亨利·福特再创佳绩，大获全胜。

以上这个事例说明：没有顽强的挫折承受能力，就没有亨利·福特的转败为胜。亨利·福特之所以能够东山再起、再创佳绩，就是因为他承受挫折的能力非同一般，并在挫折中不断酝酿智慧、勇气、信心和力量，从而挑战挫折、克服挫折，最终走出困境，走向成功。

在我们的人生中，挫折就像一堵无形的墙，常常让我们防不胜防。在面对挫折时，我们不应在进与退之间计较得失、犹豫徘徊，更不应该选择逃避。因为逃避会消磨人的锐志，弱化人的勇气，淡化人的理智。久而久之，逃避会成为让我们感到安定却消磨意志的包袱。这也意味着我们将向挫折低头。我们应该不断增强自身的挫折承受能力，愈挫愈勇，迎难而上，理直气壮地面对挫折，不屈不挠地与挫折战斗。只有这样，我们才能叩开成功的大门。

那么，我们该如何增强自身的挫折承受能力呢？可以从以下几个方面做起：

1. 热爱生命，增加勇气

西方有一位哲人说："迎头搏击才能前进，勇气减轻了命运的打击。"我们只有热爱生命，鼓足勇气，直面挫折，才能具备抵抗挫折的力量和能力。

2. 增强挫折忍耐力

这主要取决于三点：一是身体健康状况。发育正常的人比百病缠身的人挫折忍耐力高；二是过去的经验和学习。经验和学习多的人，挫折忍耐力高；三是对挫折的知觉判断。知觉判断符合客观实际，就会增强自信心，不易为一时的挫折所击垮。

3. 做一个进取的人，并学会变通

进取可以帮助你抵御挫折，变通可以帮助你应对挫折。人有时需要

给自己留些余地，不要吊死在一棵树上。进取和变通会让你在处理事情时变得游刃有余。

4. 培养解决问题的能力

要不断培养自己克服困难和解决问题的能力，要学会迎难而上、自我控制，学会倾诉和自我压制、自我宣泄，在实践中不断提高自身的压弹能力。

5. 勇于挑战失败和挫折

遭遇职场失败和困境时，不被击倒，发愤而起，才能有所作为。只有具备顽强而坚忍的意志和奋发向上的勇气，才能迎接成功的到来。我们千万不要因为时运不济而消沉、丧气，忍耐虽然痛苦，果实却最香甜。

每天对自己说，我很重要

内心脆弱总觉得自己没有惊世之举的能力，从心底认为自己是个凡夫俗子，但这些其实并不是左右你人生的数据。要知道，每一个生命都来之不易，我们要珍惜与热爱自己的生命，还要承载自己的责任、接受与付出爱。

在父母面前，我们就是被疼爱的对象；在爱人面前，我们就是那风雨同舟、相互扶持的典范；在子女面前，我们就是他们的保护伞；在朋友面前，我们就是推心置腹的对象；对事业而言，我们是其独具匠心的一分子……

面对这么多无法拒绝的理由，我们没有权利和资格说自己不重要，而应该有勇气告诉自己——"我很重要"。通过这种心理暗示，引导自己敏感的内心变得强大。任何时候都不要看轻自己，要无比重要地生活。

只要不将自己看轻，通过这样的暗示引导自己走向强大，你就不会被别人小看，这样的你也就离成功不远了。是的，"我很重要"，经常如此暗示自己，如此安慰敏感的内心，很多时候你的人生会由此揭开新的一页，绽放出美丽的光彩。

受"二战"的影响，战后的日本经济严重衰退，失业人员数目庞大。一家玩具生产公司濒临倒闭，为了减少成本支出，经理决定裁掉"不重要"的人，三种人名列其中：清洁工、司机、无任何技术的保安人员。随后，经理把这些人叫到了办公室，找他们谈话，说明了自己裁员的意图。

"经理，您不能辞退我们，我们很重要！"清洁工第一个站出来反驳道，"是的，我们很重要。如果缺少了清洁工，工作环境根本就谈不上健康有序，在这样糟糕的环境下工作，员工们怎么可能会百分之百全心付出呢？"

"经理，您也不能辞退我们，我们也很重要！"司机也站了出来说道，"我们生产的产品大部分是要销往外地市场的，没有司机去运输产品，公司也就失去了市场，公司还怎么发展呢？您说是吧？"

"他们都很重要，但我们也很重要，您也不能辞退我们。"保安人员挺直了身板，一字一句地说，"我们很重要，战争刚刚过去，许多人流落街头，如果没有我们，这些产品岂不要被流浪街头的乞丐偷光！"

经理觉得他们言之有理，经过再三考虑，他决定重新制定管理策略，不再裁员。后来，他们厂子的门口就出现了这样一块牌匾："我很重要！"只要一进厂子第一眼看到的便是这四个字，因此不管一线员工还是白领阶层工作起来都非常卖力，一年后这家工厂走出了困境，成为日本有名的公司之一，员工们也大获其利。

你是不是有过类似这样的经历：比如，你和一群人经过促销柜台，促销员给了每一位顾客试用商品，唯独你"落单"了；你工作认真勤奋，不怕苦、不怕累，但总得不到重视，加薪、升职的事情总也落不到自己身上？

遇到这样的情况时，敏感的人或多或少会感觉自己被忽视、被忽略，甚至被轻视，于是会自问："凭什么？当我不存在吗？"为什么别人会视你如空气呢？换言之是因为你的存在感不强。

存在感是什么？简单地说，存在就是一种感觉，即无论我们走到哪里，身处怎样的场合之中，都希望得到他人的关注，得到肯定和表扬，使自己感觉被重视，从而获得一种心理上的满足。人们内心的失落往往是因为缺少了存在感而引起的。

为什么有些人会没有存在感呢？这是因为，我们从小受到的教育都是"我不重要"，忽视了个体尊严和个体价值，内心力量不够强大，在潜意识中总是习惯看轻自己，如此别人自然也会看轻我们。

因此，我们应该在内心深处树立"我很重要"这种自信心，以此让自己的存在感变得强大。

的确，一个人的存在感强不强、内心力量够不够，其本身是要负很大责任的。你的责任不能让别人来替你扛，只有独立才能让你闯出属于自己的一片天地，这并不是什么无稽之谈，只要付出努力就可以实现。

试想，当你经过促销柜台，不妨告诉自己"我很重要"，主动地和促销员请求试用商品时，她肯定不会再忽略你；如果你真的工作认真勤奋，又能将工作做得非常出色时，你可以肯定自己的价值，如此存在感增强了，内心也就会变得强大，用自身的力量给对方带来强烈的震撼。

把"我很重要"这句话在心里反复述说，这就是一种自我肯定、自我激励的心理暗示……如此，一个敏感的人的内心力量可以得到进一步释放，调动自身的积极性，行为充满力量。凡是获得成功的人，大多心中有着"我很重要"的强烈信念。

俗话说"红花也得绿叶衬"，这就表明了绿叶的重要性；皓月当空，没有繁星的陪衬也就少了一分美丽，所以繁星也很重要；有了鸟儿们的啼叫，森林才显得更有活力，于是鸟儿也说"我很重要"。

最后，让我们一起聆听当代作家毕淑敏的心灵呐喊——《我很重要》。

我很重要。

我对于我的工作、我的事业是不可或缺的主宰，我的独出心裁的创意，像鸽群一般在天空翱翔，只有我才捉得住它们的羽毛。我的设想像珍珠一般散落在海滩上，等待着我把它们用金线串起。我的意志向前延伸，直到地平线消失的远方……

我很重要。我对自己小声说，我还不习惯嘹亮地宣布这一主张……

我很重要。我重复了一遍，声音放大了一点儿，我听到自己的心脏在这种呼唤中猛烈地跳动。我很重要。我终于大声地对世界这样宣布。片刻之后，我听到山岳和江海传来回声。

是的，我很重要。我们每一个人都应该有勇气这样说。我们的地位可能很卑微，我们的身份可能很渺小，但这丝毫不意味着我们不重要。

重要并不是伟大的同义词，它是心灵对生命的允诺。

……

控制不了环境，就学会适应环境

著名国学大师南怀瑾先生说过：一般人都知道，人活着要有用处、有价值。其实，人生的价值，自己觉得没有用的，才是最有用的。老老实实、规规矩矩活一辈子就好了，这是庄子的理论。这表面看似是非常消极的，对于社会、世界和人生都是带有讽刺意味的。其实他只是在向我们传递一个道理，便是"世路难行"，这一点儿也不讽刺。世路既然难行，我们要想使生命获得价值，就要懂得去适应环境，否则会招来许多不必要的磨难或伤害。

南怀瑾又说："过去历史上的一些人物，也不错啊！为什么呢？他们有理想、有抱负，在尚未得志时，不妨在个性上将就别人一点，先取得他人的信任，肯与他合作以后，才慢慢地引导他们走上大道，'先合作，然后引之大道'。那也是一种处世的办法呀！"

其实，南怀瑾所谓的"世路难行"以及"先合作，然后引之大道"，简言之就是，我们周围的环境是很难改变的，我们要生存，要使生命获得价值，就要去努力改变自己，适应环境。也可以说，是"先生存，后发展"，而南怀瑾自己就是这样做的。

自控力：
将不正确的心理活动和行为方式调整过来

在抗日战争时期，南怀瑾曾经流落到四川。当时他为了找碗饭吃，为了生存下去，就来到一家报社。刚进去，他就看到柜台后面坐着一位老人，便走过去请安，并问能否在这里找到一份差事。那位老人上下将他打量了一番，问他是哪里的人，不是日本人吧。在当时，中国人都极恨日本人或者汉奸。当时南怀瑾就急忙说道："我是浙江人，逃难到此，就是想找一份能活命的差事。随便什么差事，哪怕是倒茶扫地都可以干。"

这时候，报社里面的一位老板看到了他，伸出头让他进去。于是，南怀瑾便又述说了一遍自己的状况：初来此地，没有亲人投靠，没有饭吃。老板便说："那好，你来我这儿上班吧，我这儿缺一个清洁工。"南怀瑾当即就答应在那家报社当清洁工了。

有一天，报社的老板将他叫过去，对他说，看样子你不像干这种活儿的人，就问他会不会写文章。南怀瑾也不敢妄自说话，便说自己学过一些"子曰诗云"，老板便出了一个题目，让他写篇文章来看看。南怀瑾便写了，老板看了文章之后特别满意，立刻就让他当了报刊的副编辑。

在当时，报社也就那么几个人，所谓的编辑，除了经常写文章外，什么杂事都要处理。不过，对于南怀瑾来说，多吃点苦根本不算什么，只要自己有立足的地方，有碗饭吃，他也就知足了。

所谓"大丈夫能屈能伸"，南怀瑾早在当年就已经深谙了"弯曲"的处世哲学。为了解决自己的生存问题，他宁愿放下文人的架子，从扫地做起。

在现代社会中，更是需要这种"先适应，后改变"的曲线生存法则。随着生活节奏的加快，越来越多的人开始变得敏感，开始不停地抱怨。工作丢了，怪领导没眼光；人情冷漠，怪同事不友善；住房不好，交通不便，行业前景不佳……将自己的痛苦全部都推给社会，总是苛求客观因素的不如意，而自己完全像没事人一样，主观上不去努力改变自己，去适应环境。这样的人生注定是失败、消极的。

生活中难免有不如意之事。一切生活中的大小事宜都会成为你抱怨的借口，但是若不去抱怨，你会发现，生活中的一切大小事宜都有解决的方法。恶劣的处境绝对不会因为你几句抱怨就发生转机，有时候可能还会让自己的处境更加糟糕。遇事切勿一味抱怨，要冷静沉着，努力去接受现状、改变现状，这样才能涤除心中的不满。

很久以前，人们都是不穿鞋、赤着脚走路的。

有一位国王有一次去一个偏僻的乡下旅行，但是那里道路崎岖，十分难走，很多细碎的石子深深地刺痛了这位国王的脚板。于是国王回到王宫之后，颁布了一道命令，要把国内所有的道路都铺上牛皮，他觉得只有这样，自己的国民走在上面，才不会被崎岖的道路刺到脚板。自己是做了一件利国利民的好事。

可是国王忘记了土地辽阔，这么多的道路，即便是把国内的牛全部杀光，铺路所需的牛皮也远远不够，而且花费的资金、人力、物力更是难以想象。人们深知国王颁布了一道愚蠢的旨令，而且这件事情是难以做到的，但是没有人敢违抗命令，所有的人都敢怒不敢言。

但是，有一位聪明的大臣，这个时候便大胆地向国王提出了建议："敬爱的国君！我们为什么要花费这么多的金钱、人力、物力和资源呢？何不用两小块牛皮包裹住脚，这样也节省了很多的资源呀！"国王听了之后觉得非常有理，十分高兴地收回了成命，采纳了这个建议。于是，后来便有了"皮鞋"。

改变世界过于异想天开，但是我们可以改变自己。如果你现在正处于艰难的环境中，或者你对现状不满，那么不要抱怨，改变一下自己的想法和心态，努力去适应、去面对，一定很快便有转机。

面对生活的环境，每个人都有不同的选择，你可以屈服，这也是一种坚持；也可以强硬，但不一定能够有所收获。是改变环境，还是改变自己，往往就在你的一念之间。你的得失成败也会因此而发生变化。

在输得起的年纪，输一次也挺好

小朋友在跑步比赛中没有获得第一，不是痛哭不止就是和家长无理取闹，这是输不起的表现；一个女孩因为害怕承受失去的痛苦，从而拒绝深爱自己的男孩，一段美好的感情还没开始就已经宣告结束，这是输不起的表现；一个创业的青年，因为决策失误，赔掉了自己所有的积蓄，从此自暴自弃，这也是输不起的表现。

杨澜在创办阳光卫视失败以后，说过一段耐人寻味的话：在输得起的时候输一次，也没什么。无论你正处于人生哪个阶段，其实都有输得起的资本。不要怕输，怕输的结果就是常输。如果背上了想赢怕输的心理包袱，就会止步不前，甚至连尝试的机会都不留给自己，这样的人生是看不到希望的。相反，那些输得起的人却往往能冷静审视输的原因，知耻而后勇，置之死地而后生，在失败和打击中去激发自己的潜能，去为自己创造赢的可能。

1935 年，一位中国的留学生忧心忡忡地走在美国麻省理工学院校园里。由于文化差异、语言不通以及生活环境不适应，他在异国他乡的求学之路走得很不顺利。他担心自己的将来，害怕自己不能学有所成，从而辜负家乡父老和祖国对他的殷切期望。

正在这时，一个大嗓门儿中年人引起了他的注意。他虽然是送外卖的服务员，可是对街边最新款的豪华轿车评价得头头是道。他为何对汽车如此了解呢？很多人对此感到困惑。原来，他以前是一位汽车销售公司的经理。后来，公司破产，他转行送外卖。

在场的人都为那位中年人感到惋惜，他却不以为然地说："生活中，没有什么输不起的。不开汽车公司，我也照样能养活一家人，我相信自己还会再次成功！"

听了他的一番话，那位中国留学生突然明白，这个世界上从来没有绝境，也没有什么是输不起的。从此，他放下思想负担，潜心于自己所钻研的领域，最终取得了举世瞩目的科研成就。他就是被誉为"中国航天之父"的钱学森。

有人说，人生就像一场赌局，谁也不可能是常胜将军，谁也不可能老是输家。人要经得起失败，要经得住暴风骤雨的考验，更要敢于从不幸的败局中重新站立起来。有了这样的信念，人便不会在胆怯中举步不前、摇摆不定，眼前的任何困境也不会成为我们前进的阻碍。

人一生难免会遇到湍流和险境，但如果你把一时的结果看得太重，就会让自己变得畏首畏尾，从而失去生命的斗志。失败其实并没有那么可怕，它是通往成功路上必须交的学费，是我们汲取经验、获得成长的大好机遇。没有经历过"输"的人，自然也无法收获最后的"赢"。

美国有一个青年名叫麦基，出身贫寒，没接受过高等的教育，但凭着不凡的勇气来到了波士顿。

在波士顿，他结识了一位朋友名叫荷顿，俩人合伙开了一家布店。后来，他爱上了荷顿的妹妹，却遭到了荷顿的反对。因为在荷顿看来，麦基没有什么能耐，根本配不上自己的妹妹。最后，麦基只得带着荷顿的妹妹离开布店，重新开始他们的生活。

婚后，麦基自己开了一家经营针线和纽扣的小店。本以为能大赚一笔，结果生意非常惨淡。麦基从这次失败的经历中明白了，不仅要考虑客户的需求，还要考虑顾客购买的可能性——有谁会为买一个纽扣走很远的路呢？

在那之后，不甘心的麦基又先后开了两家布店，但结果都以失败收场。不过，他也从中明白了许多经营之道。比如，做生意要处理好从进货到销售过程中的各个环节，任何一种经营策略都要结合具体的环境才能发挥作用等。成长的代价总是惨痛的。几经波折之后，他几乎赔光了所有积蓄。

就在这时，当年嫌他没有本事的荷顿却找上门来，并愿意提供资金让他东山再起。荷顿认为，麦基这些年虽然经历了很多失败，但也从失败中汲取了很多经验，增长了许多智慧，长了许多能耐。如今，麦基已经是一个合格的合伙人了。

在荷顿的帮助下，麦基又开起了自己的商店，并在很短时间内开设了许多分店。十年之后，麦基的生意扩大了数十倍，最终发展为全世界最大的百货公司之一。

成功者往往都是输得起的人，他们不是没被击倒过，而是在被击倒之后，仍能够坚定地站起身、向着前方勇敢地迈进。

美国诗人惠蒂尔说："从不获胜的人很少失败，从不攀登的人很少跌倒。"想赢就不要怕输，想收获人生的辉煌，就不要怕经历失败或是遭受打击。胜利固然值得骄傲，在拼搏中经受失败的人更值得尊重。只要你输得起，就一定有重新来过的机会。

第四章

抵御诱惑：自控的人不被欲望所累

  在这个资源丰富的社会中，我们面对的诱惑会越来越多。当你没有自控能力时，你就会陷入诱惑的陷阱，什么都想要得到，但到最后，却发现在追逐这些诱惑时，过得更疲惫。若是你能够控制住自己，抵挡住外界带给你的诱惑，回归平和、轻松的心态，只想要做好自己，过好每一天的生活，到时你就会发现，你的生活充满阳光，生活充满幸福。

学会知足，不去盲目攀比

总有些人喜欢和别人一较高下，如果工作职位比别人低，收入比别人少，就会自怨自艾，抱怨上天不公。他们常常拿别人的标准来衡量自己，自己给自己制造混乱和迷茫，甚至使自己不得安宁。

其实，每个人都是不尽相同的，这注定每个人的人生都将是千差万别的。可是有些人总习惯拿别人的标准来衡量自己，他们看见别人某方面比自己强就心理不平衡、忌妒，进而对自己提出各种苛刻的要求，或者抱怨不公平的待遇。

小杨在一所名牌大学读完研究生后进了一家著名的外企公司工作，同事要么没有她的学历高，要么没她专业好。为此，她很有优越感，她觉得自己肯定会比这些人更容易得到重用。

两个月后，当她仍然在做最基础的工作时，上司居然提拔了只有本科学历的小于做办公室副主任，负责对结算工作的审核，这让小杨感到失落和愤愤不平。

她想不通为什么是这样，她觉得上司对人不公。她整天想着这件事，甚至无心工作，只想赶快跳槽。这天，在结算时，她因为分心而把一笔投资存款的利息重复计算了两次，虽然没有给公司造成实际损失，但整个公司的财务计划却被打乱了。

事后，小杨并没有觉得自己犯了多大的错误，她觉得这不过像是做错了一道数学题一样，只要改正过来，下次注意就是了。她这种满不在乎的态度让上司很不放心，以后再有什么重要的工作就总找借口把她"晾"在一边，不再让她参与了。

小杨更觉得不公平了，当她的抱怨传到上司耳朵里的时候，上司找她谈话说："其实，我们最开始的计划是让你在基层锻炼一段时间，然后让你担当更重要的职务。不过，让我们很失望的是，你一直在抱怨我们对你不公平，却没能做好最基础的工作。所以，并不是我们没有给你机会，而是你自己不懂得把握机会。"

没过多久，小杨就不得不辞职了，她也终于知道，她不是败给了别人，而是败给了自己。

盲目的攀比只能让自己徒增烦恼、哀叹命运的不公，实际上就是在摇首叹息之际将自己的命运交给了别人，这是在自毁前途。

人的一生，都会遇到许多困难和挫折，都有自己必须面对的尴尬境地，有些人无论自己碰到的困苦是多么微小，总以为自己已经到了万劫不复的境地，似乎自己是世界上最不幸、最痛苦的人。只有当更大的灾难降临时，才会幡然醒悟，原来那些折腾得自己死去活来的痛苦根本不算什么。

人要学会知足，我们的眼光总倾向于比自己优越的生活，却忽视了还有许多人正过着比自己更加艰苦的日子。人之所以能够快乐，不是因为他的物质生活有多么丰厚，而是因为他们懂得知足。整天抱怨的人并不一定生活在最底层，而是因为他们的目光只盯在那些比自己富有、成功的人身上，对比之下总认为自己的境遇糟透了，殊不知还有很多人的命运比他们更加曲折，过着比他们更加悲惨的生活。

看看下面这些数据，你是否觉得自己是幸福的？

根据联合国"世界粮食日"数据显示，全球有 36 个国家目前正陷于粮食危机中；

全球仍有 8 亿人处于饥饿状态，第三世界的粮食短缺问题尤为严重；

发展中国家的人民有两成无法获得足够的粮食；

非洲大陆上有 1/3 的儿童长期营养不良；

全球每年有 600 万学龄前儿童因饥饿而夭折。

即使你并不富足，但你家里有充足的食物、有足够的衣服、有住所，那么你就已经比世界上那些没有足够的食物、衣不蔽体、居无定所的人富足多了。如果你没有经历过残酷的战争，没有受到过囚禁，不必过忍饥挨饿的生活，上天对你已经很优待了，你已经比世界上 8 亿人都幸运了！

看过上述这些数据，你会不会有种幸福的感觉？你之所以抱怨，不过是因为不知道还有更坏、更痛苦的状况。所以，有时不是老天对我们不公，而是我们不懂得珍惜上天赐予我们的宝贵财富。

学会感恩，感谢父母给予我们生命，不要总想满足自己的欲望。即使你身临险境，如果还没到最坏的境遇，你至少还比正经历那样生活的人幸福。如果已经经历了最坏的，那就不可能再坏了。那么，你还有什么想不开的呢？

柏拉图曾经说过："人类没有一件事是值得烦恼的。当克服一次挫折之后，你便提升了一次自我。"如果人在逆境之中仍然能够坚定自己的信念，有着绝不放弃追求成功的勇气，那么逆境和挫折将会是你人生中一笔宝贵的财富，否则，逆境只会让人一蹶不振，导致真正意义上的失败。

英国知名作家约翰·克里西年轻时非常勤奋地写作，寄出了743封稿件，但都相继被退了回来。在打击面前，他没有退缩也没有灰心。他知道，最坏的结果无非是被再退稿而已。既然已经经历过最坏的结果，那我还怕什么呢？已经承受了一次次失败的痛苦，如果他就此罢休，那之前所有的努力和折磨都将变得毫无意义。一旦他坚持下去，获得了成功，每一封退稿信的价值全部都将被重新计算。正是凭借这样的想法，他坚持了下来，并最终取得了成功。

内心强大的人，是不会在逆境中低头止步的。美好的命运也不会眷顾那些对逆境心存愤懑、抱怨命运不公平的人。

在艰难困苦中乐观的人善于磨砺意志，他们知道抱怨毫无价值，唯有自己不断努力。他们知道只有这样，才能在最险峭的山崖上扎根，成长为最伟岸挺拔的大树。一味地抱怨，不知前进，只会使你的生命之树弱不禁风。

因此，当你取得一点点成功的时候，你应该往前看看那些最优秀的人，和他们比较一下差距。同样，当我们身处逆境时，应该学会多向后看，事情还没有那么糟，想想那些最糟糕的结果，那些比我们更悲惨的人们，你就不会抱怨自己的境况太糟。

找准自己的角色，适合自己最重要

每个人在社会中都有自己的角色，都有自己适合的工作和任务，如果从事不适合的工作只能得不偿失，毫无建树。

很久以前，有一只乌鸦非常美慕在高空中翱翔的老鹰，很想像老鹰一样来一个漂亮的俯冲，抓住草地上的小羊。于是，乌鸦天天模仿老鹰的动作拼命练习。过了很多天，乌鸦觉得自己已经练得很棒了，就从树上猛地冲下来，扑到一只山羊的背上，想完成老鹰那样完美的动作。但是，由于乌鸦的身子太轻，在落到山羊的背上时，爪子不小心被山羊身上的毛缠住了。它拼命地拍打翅膀，想要从山羊的背上逃脱，却都失败了。前来赶羊的牧羊人看见了，把乌鸦抓了去。乌鸦不但没能像老鹰那样抓住小羊，反而被牧羊人抓住了，乌鸦的盲目模仿上演了一场悲剧。

只要有常识的人都知道，俯冲抓羊的动作适合老鹰，不适合乌鸦。但是，这只可怜的乌鸦却以为自己能像老鹰般，简直荒唐可笑。可是在一笑而过后，你是否有那么几秒钟的顿悟，是不是也在这只乌鸦身上看到了某个时候自己的影子？曾几何时，你是不是也像这只乌鸦一样，因为看到别人的光鲜就盲目地跟从，而做了一些不适合自己的事呢？

就像人在买鞋、买衣服时一样，36码的脚就只能穿36码的鞋，高大的身材不能穿小号的衣服。一定要最适合自己的尺码才最舒适。即便再昂贵、再精致的东西，如果不适合你，也只能当作摆设，它本身的价值也就得不到体现。

如果一个人总是在将就与勉强中度日，那将是一件多么痛苦的事。如果你选择了不适合自己的路，这就像穿上了不合脚的鞋走路一般，将会异常艰辛，甚至会让自己陷入无法自拔的沼泽之中。

适合，对我们来说太重要了。在感情中，我们要找到适合的伴侣，这样才有一起营造幸福的激情；事业中，要找到适合的工作，这样才有奋发向上的动力；生活中，要找到适合的人生方向，这样短暂的一生才不会遗憾重重。

很多时候，也许你的适合得不到身边人的理解，甚至会遭到强烈的反对。可是，如果你觉得那是最适合你的，就一定要坚持，因为只有坚持，才能让时间证明你的正确。如果你因为得不到认可就委屈放弃，最后一定不会只是遗憾那么简单。能对自己的人生负责的只有自己，除了自己，没有人会为你的错误选择埋单，即使是最亲近的人。所以我们在听取别人意见的同时更应该问问自己，这适合我吗？当然，你坚持自己的选择的前提是，这必须是你经过深思熟虑后确定适合自己的。

小李在政府部门工作了好几年，最后却辞职自己开起了小吃店。他放弃令所有人羡慕的公务员工作，不仅让周围的人吃惊不已，更是遭到了家里人的强烈反对，他父亲甚至以断绝父子关系相要挟。

为这个小李很苦恼，他和父亲谈道："我在机关里每天重复同样的工作，拿着固定的工资，生活没有一点激情。我觉得年轻人应该多闯、多拼，我希望通过创业使我能更快地成长，就算失败也无所谓，毕竟我还很年轻。"就这样，他父亲才勉强同意。经过几年的磨炼，酸甜苦辣都尝尽的他变得比以前更成熟稳重了。看着颇有成就的儿子，他父亲笑了。

很多人都已经认识到，适合自己的才是最好的。不要一味地邯郸学步，因为适合他人的不一定适合自己；也不要勉强自己去做自己根本无法做到的事情，那样有可能适得其反。只有找准适合自己的位置，你才能更加得心应手，取得更好的成绩。

过度的虚荣心，会带来更多的痛苦

扭曲的自尊心就是虚荣心，这也是过分自尊的表现。有些人无论何时何地，总要表现出自己高人一等，其实，这就是太爱面子的虚荣表现。凡是虚荣心强的人总是活在自欺欺人的幻境中，可结果，只能自己欺骗自己，给自己带来许多痛苦。

在国外某机场，一位贵妇人在乘坐飞机时，看到身边居然是位黑人，马上把空服员找来，大声地抱怨：

"我花钱是为了享受，你们却把我安排在这里！我可受不了坐在这种地方，马上给我换个位子！"周围的人对她这种做派很反感，但是也没人说什么。

"很抱歉，女士。"服务员回答，"今天的班机已客满，但是为了满足您的需求，我可以去为您查查看还有没有空位。"

贵妇人听后感到很有面子。

几分钟后，服务员带着好消息回来。

"这位女士，很抱歉，经济舱已经客满了，我也向机长报告了您这个特殊的情况，目前只剩头等舱还有一个空位……"

贵妇人得意地看着四周的乘客，起身准备移往头等舱。

可此时，服务员微笑地对着那位黑人乘客说："虽然这种情况是我们从未遇见的，但机长认为要一名乘客和一个厌恶他的人同坐，真是太不合情理了。先生，如果您不介意的话，我们已经为您准备好了头等舱的位置，请您移步过去。"

此时，周围的乘客起立热烈地鼓掌，贵妇人羞愧地低下了头。

低调做人，敛起锋芒。人生不能总是风光，如果在风光时，故意显摆招人厌，死要面子，常常会丢了面子。因此，抛弃爱面子的沉重压力，保持一颗平常心，才能顺其自然，淡泊生活。

生命的真谛在于和平、自由，拥有一颗轻松自在的心，认真地做自己，这也不失为一种美好的生活。那样，即使你的人生没有荣耀和光环，你也可以发现平常日子中那些令人感动和欣喜的东西。你会读懂一枝一叶、一花一草所散发出的清香和温馨，你会品味出琐碎日子中的甜蜜、幸福。做一回真实的自我，那样，你会感到无比的轻松。

山区里，一匹马战胜了一只偷鸡的豺狼，因此，主人在它脖子上挂了一朵大红花，在马场上绕行一圈，让所有的马都向它行礼致敬。

这时，一匹小马对它说："你真了不起，你获得了如此大的荣誉，这在我们马族的家族史上是绝无仅有的，真令人羡慕啊！"

谁知这匹战马淡淡地说："这有什么好羡慕的，我不过是尽了我的本分而已。"

这匹战马于三个月后在战场上受了重伤，因为无法医治，兽医决定把它送进屠宰场。在进屠宰场时，它又与之前的那匹小马不期而遇：

自控力：
将不正确的心理活动和行为方式调整过来

"老兄，想想三个月前，你是何等的威风，现在的处境居然这样悲惨，连我们都不如。一个英雄落到这种地步，你的面子都丢尽了吧？"

谁知，受伤的马平静地说："这没有什么好悲伤的，我只不过是比你们早走一步这条大家都要走的路而已。"

人的一生如簇簇繁花，不能事事如意，既有盛开耀眼之时，也有暗淡萧条之日。不管是荣还是辱，我们都应该以平常心待之。不能因为曾经的荣耀就趾高气扬，也不能因为失意就感觉无脸见人。如果过分地在乎荣辱，烦恼就会滋生。因此，人们只有把面子抛在脑后，才不会被荣或辱左右，才会为自己赢得一个广阔的心灵空间。

凡是取得伟大成就的人们，他们都懂得低调行事，不会因为满足自己的虚荣心、为了自己的面子而投资太大。相反，他们非常注意克制自己，时时保持一颗平常心。

赵匡胤当皇帝后，他最宠爱的昭庆公主认为这下可要好好地"秀"一把了。

有一次，昭庆公主在宫中观看行宫仪仗时，发现用翠鸟羽毛作装饰的旗子非常好看，回宫后就别出心裁地命人用翠羽装饰做了件外衣，穿上后对着镜子左照右照，心中尤为得意，在宫内走来走去。当然，人们免不了恭维一番，公主的虚荣心得到了极大满足。

就在她感到十分快活时，不料被赵匡胤和一群大臣们撞上了。公主想躲开，却被赵匡胤喝住说："你把这件衣服脱下来，以后不准再穿。"

公主不以为然地说："这件外衣只是用翠羽稍微装饰了一下，没什么大不了的啊！"

面对公主的狡辩，赵匡胤感到十分生气，厉声斥责道："你怎么能这样说，翠羽价格高，要浪费多少钱财呀？你的生活已经非常优越了。"然后还撩起龙袍说，"你看看，这袍子我都已经穿了三年了，到现在不还是穿得好好的吗？"说得公主无言以对，只得勉强将翠羽外衣脱掉。

有一天，赵匡胤与昭庆公主在一起聊天。公主乘机对赵匡胤说："父皇，你身为大宋圣明，可惜坐的轿子太没面子了，应该好好装饰一下，以显示我大宋国富民强啊！"赵匡胤深有感触地说："但我身为天子，理当为天下管理好财富，岂可滥用？如果我只想一人荣华富贵，百姓还对我抱什么希望呢？再说，我和历代圣明的君主相比，还差得远啊！他们都能安于平淡朴素的生活，我有必要用金银装饰自己的门面吗？国富民强才是最大的面子啊！"

赵匡胤说得昭庆公主哑口无言，自觉惭愧。从此之后，昭庆公主也带头收敛起来，和其他宫女一样，平淡做人，素面朝天。而且，在赵匡胤的影响之下，宫里宫外，朝廷上下，都以穿戴质朴为荣。

在物质生活优越的今天，人们可以适当享受，但不能为了满足一己虚荣而铺张浪费。如果你有着强烈的虚荣心，正确的办法是把虚荣心转为上进心。特别是那些华而不实、盲目攀比、赶时髦、讲排场、只求面子上的好看、虚荣心太重的人，不妨在这方面学习一下赵匡胤，改变自己好大喜功的毛病。

人生短暂，万事应想得开，随时随地保持心理平衡，不论何时何地，都能以平常心处世，处变不惊，笑口常开，做到"得而不喜，失而不悲"，才能把握自我、超越自我。

追求完美的欲望太强，只会走向"自我毁灭"

出现"不完美焦虑症"的人多数是因为长期生活在一种追求完美的心态中，为避免失败，他们将目标和标准定得看似完美无缺，反而把"追求完美"当成习惯，把注意力更多地放在了害怕不能完美的现实上，并由此疑神疑鬼、胡思乱想。心理学又把这种现象称为"消极完美主义"。

消极完美主义的思维方式，其目的是保护自己，害怕由于自身的缺陷得不到别人的尊重，从而钻了牛角尖。他们从错误的观念出发，因为过度看重某个问题而失去了更多东西。

大部分时候，消极完美主义者会在自己所在的领域取得不错的成就。维持集体或团队的表面和气，别人做到完成就好了，他们非要把事情做到极致。如果把事情的完成等级按1~5的级别来划分，别人做到1，他们怎么也要努力做到4或5。

但是通过深层次沟通，你会发现他们令人匪夷所思的观点。他们看问题一般都认为只有两面，比常人更容易走向极端。他们一旦认定了一个事实或者是下定了决心，就会对其他相反的意见变得相当的神经质，这个时候，用冥顽不化来形容他们都不为过。

2010年，达伦·阿伦诺夫斯基执导的影片《黑天鹅》中，女主角妮娜是一名出色的芭蕾舞演员，她在舞台上的精彩演绎堪称完美。在一场盛大的演出中，她极力争取到了天鹅王后的角色，被要求分别饰演纯真无瑕的白天鹅与魅惑邪恶的黑天鹅这两个完全对立的角色。追求完美主义的妮娜能够将白天鹅演绎得十分出色，却始终无法很好地饰演黑天鹅，因为她不能接受邪恶的自己。虽然导演一再强调，让她尽量释放自己，轻松地去饰演，但她想到自己将与"邪恶""黑暗"等词挂钩，就感到紧张和焦虑，因此，她还常常惩罚自己，甚至自我摧残。

为了能够完美诠释黑天鹅，妮娜精神濒临崩溃。她不断节食，身体越来越消瘦，放纵情色肉欲，完全颠覆了之前高雅端庄的"乖乖女"形象。

经过一番地狱式的煎熬之后，她的付出终于有了收获。她开始能够在舞台上尽情地释放自己，成为一只冶艳而魅惑的"黑天鹅"，她的表现也得到了导演的极力认可。然而，即便如此，她还是觉得自己不够优秀，她开始对周围的人对她的评价产生猜忌，并断定她的竞争对手正在策划一场阴谋，以夺取自己好不容易得来的天鹅皇后的角色，一旦她的表现出现丝毫差错，那个竞争对手就会取代她。她对自己的要求更加严苛了，甚至到了疯狂的地步。这一切让她的精神更为错乱，最终陷入了充满幻觉与妄想的世界当中。

尽管影片的最后，妮娜达到了艺术的巅峰，成功演绎了白天鹅与黑天鹅两个截然相反的角色，但是她也付出了无比沉重的代价——不仅患上了严重的幻想症，还昏死在她所热爱的舞台上。

像影片中妮娜这样过度强调十全十美的人比比皆是，尽善尽美是处世认真的一种体现，但过度追求完美，很容易导致心理失衡，从而导致严重的焦虑症。

从某种意义上说，他们的完美主义已经失去了"完美"本身所具有的积极意义，甚至变成了自我成长的黑暗枷锁。在心理学上，像妮娜这样"自我毁灭"的人，会被认为是存在比较严重的"不完美焦虑症"。他们一般都会表现得过度谨慎、害怕出错、过分在意细节和讲求计划性等，对于来自他人的评价表现得过于敏感。

学会拒绝，别为面子而逞能

人要脸，树要皮。这句话，我们一点儿都不陌生。尤其是对于很多男性而言，有时候为了面子，在朋友面前不免总是摆出一副这样的姿态："没问题！老弟你说的事情很轻松！""这事儿交给我，肯定能办好！"

为了给朋友留下一个好印象，拒绝，似乎成了我们字典里不能出现的名词。

为了朋友两肋插刀，这当然让人敬佩；可是，如果自己明明没有那份实力，却依旧对朋友的期望有求必应，这是一个成熟的人应有的行为吗？

此时，你也许抱着自己的观点毫不妥协；可是，如果读完下面这个案例，也许你坚定的内心就会产生动摇。

孙皓有一个朋友名叫赵磊，是一名私企老板。赵磊的生意不断做大，他决定与一家酒店商谈，作为自己的合作定点招待。而孙皓恰恰就在这家酒店工作，于是他自然找到了这个老朋友。

然而，赵磊不知道的是：事实上早在年初，孙皓因为与领导出现摩擦，早已离开了这家酒店。不过，当看到老朋友因为这件事专门宴请自己，加上又喝了点酒，因此孙皓拍着胸口说："老兄，你的事儿就是我的事儿，我一定给你办好！"

"兄弟，我不勉强。我们是新公司，谈判的主动权不多，实在不好做，你可别难为自己，有什么问题就和我说，大不了咱们再想办法。"

听到赵磊这样说，孙皓反而更加觉得要维护自己的形象了："看你说的，我怎么也是这行的老人，也是这家酒店的中层了，这事儿你就放心吧！"

第二天，为了赵磊的这件事，孙皓开始忙碌起来。但结果可想而知：一个已经离职的员工，并且还与领导产生过争执，怎么可能和原单位再有很密切的合作？一转眼，半个月就过去了，但这边却毫无进展。

这天，赵磊给孙皓打来电话，咨询相关事宜，并再一次强调：如果不好办就算了。可是孙皓意识到，如果这个时候拒绝，那么自己无疑丢了大面子。可是，自己该如何进行下一步呢？孙皓陷入了迷茫。

终于，没过两天，他的一个老同事告诉他：酒店可以与赵磊签约，但不是总经理出面，而是他本人。因为，赵磊的公司只是小客户，不值得总经理亲自出面。

听到这个消息，孙皓兴奋异常，立刻通知了赵磊。几天后，赵磊与孙皓的前同事签订了合同，交付了一年服务费。当天晚上，赵磊邀请众多朋友，并多次赞扬孙皓办事稳妥。直到这时，孙皓依旧没有告诉朋友们，他早已离开了酒店。他已经陷入了朋友的赞美中不可自拔。

然而让孙皓没想到的是，兴奋没有两天，一盆冷水从天而降。第三天，赵磊去酒店，结果却得知，酒店并没有和赵磊签约！

自控力：
将不正确的心理活动和行为方式调整过来

"我们公司有明确规定，对于企业客户必须由总经理亲自签署合同，你的这份合同是假的，并且和你签约的那个人，上个月刚刚辞职！还有孙皓，已经离职半年多了，根本不是我们的员工！"在总经理室内，赵磊得到了这样的答复。

赵磊一下子蒙了。他急忙联系孙皓的老同事，却发现早已找不到人。一怒之下，他将孙皓起诉至法院。面对即将到来的牢狱之灾，一向爱笑的孙皓，却再也笑不出来了。

想想看，现实中，像孙皓这样的人少吗？为了让别人高看自己一眼，我们面对朋友的请求，不假思索地拍胸脯，却根本就没有想一想：自己有能力解决问题吗？如果解决不了，又有什么办法去妥善化解呢？

如果答案是否定的，依旧想着"两肋插刀"，那么结局一定如孙皓一般。

为了给他人留下好印象硬着头皮答应下来，这是很多人在与朋友交往时，都会选择的行为；但随后我们却丢失了内心的快乐，这是很多人都没有想到的结局。拒绝，真的那么难吗？当然不，但是为了撑起自己的形象，为了打肿脸充胖子，我们不免变得无比痛快，结果最后却害了自己。

也许在孙皓心里，甚至在我们自己的心里，都会给这一系列行为贴上"卖力不讨好"的标签，甚至抱怨朋友最后的行为有些"太不够义气"，但平心静气地想：如果第一时间告诉朋友自己的现状，明确告知的确无法做到，那么朋友又怎么会平白无故地受损失？办不到，只是因为暂时的能力不足；但办不到却不拒绝，那么只能给朋友留下这样的印象：人品有问题！

每个人都想让自己的形象高大，这是人之常情。但是，凡事都不要做过了头，不然真正的形象保不住不说，还给自己招来啼笑皆非的难堪。所以，在面对朋友一些无法做到的要求时，与其死要面子说大话，倒不如和朋友说明情况婉言拒绝，这样反而会让朋友更加理解你的难处，并钦佩你的为人。

当然，在拒绝的语言上，我们不妨下点功夫，这样才是真正的"婉拒"。

1. 给对方出一个建议

在拒绝的同时，我们如果能够给朋友一些建议，那么这就会冲淡有可能产生的不愉快。例如，你可以说："这几天我的确脱不开身，实在没办法。但是我知道，有一份资料，能够帮上你不少忙。这个资料，就在图书馆里，你现在赶紧去借出来，这样就不会有麻烦了！"这样，对方不仅会接受你的拒绝，还会因为你的建议对你产生感激之情。

2. 别太生硬，让对方理解你的苦衷

拒绝别人时最忌讳的就是你以一种冷冰冰的、机械化的口气说"不，我没办法做"！这样做，就会大大伤害对方的感情，甚至让对方嫉恨于你。想要婉拒，那么我们就应该用一种较为缓和的语气去表述。

例如，一个朋友想要找你帮忙，你应该让他理解你的苦衷，用无奈的语气说："哥们儿，真是不好意思，虽然我很想帮你，可是我现在正被一项新工作搞得头昏脑涨，所以你看……"与此同时，我们最好配合一定的手势和表情，将这份无奈体现得更加淋漓尽致。这样一来，朋友即便再想麻烦你，也不得不放弃。

放下忌妒之心，别总羡慕别人的生活

看到他人身居高位显赫无比时，你不是肯定他的能力，而是怀疑别人是否有后台；看到他人经商积累财富无数时，你不是赞赏他的魄力与眼光，而是估量着这其中是否有不义之财；看到他人工作舒适悠闲自得时，你不是向往他的从容自在，而是在心里嘲笑他的不思进取。这些不正常的想法，都是忌妒心在作怪。我们习惯羡慕别人的快乐，总觉得值得自己高兴的事太少；我们习惯忌妒他人的成就，总怀疑自己太过失败；我们习惯仰望别人的幸福，总以为不幸只紧随着自己，于是在自责与后悔中，错过一次次机会。

其实，每个人都有自己的长项，你不过是让自己隐匿在了他人的阴影中，从而看不见自己的光辉。你总觉得自己的笑声太少，其实你哪里知道，或许在别人的笑颜下，隐藏着比你更深的苦痛。你总对比着他人，感叹幸运之神的不眷顾，哪知在你看得到或看不到的地方，你早已成了别人的羡慕对象。在人群中，你是普通的，却永远是独特的，不忽视自我，才能成就自我。

章萍与思诗可谓是不打不相识。章萍那天下班很晚，在经过回家的那条弄堂时，看到两个人影扭打在一起，明显是一男一女。章萍犹豫着要不要上前去帮忙，或者直接报警，不过想到万一两人是情侣，那她就不好插手了。章萍站在不远处观看，当听到女生说道"你这个小偷，快把我的手机还给我"时，章萍终于确定两人并非相识。看到女生渐渐体力不支，练过跆拳道的章萍冲上前对着男生就是一记飞旋腿，男生被踢得趴在了地上。

"你有病啊，她才是贼，你怎么帮她？"倒地的男生愤然道。

章萍瞬间蒙住了，等反应过来，小偷早已不见身影。章萍感到抱歉，在她的坚持下，男生去医院照了片子，好在并无大碍。

"你是女生？名字思诗？"章萍惊讶道。眼前这个长相清秀、穿着简洁，一头短发的男生竟然是女生。章萍继续道，"你的名字与你的人一点儿也不相符。"酷似男生的女生，名字倒是很女性化。

"名字是我妈取的。"思诗道。

为了赔罪，章萍请思诗吃了夜宵。直率的思诗也没有责怪章萍，还赞扬了章萍的见义勇为，尽管是一场乌龙，自己还挨了一脚。

两人居住在同一个小区，一来一往，两人成了好朋友。章萍工作较晚，思诗经常会来公司等她下班一起回家。来的次数多了，思诗与章萍的同事打成了一片。思诗的性格的确讨人喜欢，章萍看到思诗与同事们打闹，也很开心。只是，当章萍的一位男同事向她打听思诗的个人喜好时，她感到有些不舒服。章萍对这位男同事有好感，可现在的情况明显是男同事对思诗有好感。章萍开始找各种理由不要思诗下班后来接她，神经大条的思诗也没有多想，只是一有时间还是会往章萍的公司跑。所以当男同事向思诗表白后，思诗第一时间告诉了章萍。

章萍的心中烧起了一把妒火，她知道这不是思诗的错，却还是慢慢地疏远了她。几个月后，当思诗与男同事步入婚姻殿堂时，章萍拒绝了思诗邀她当伴娘的请求，尽管以前两人互相约定好了当彼此的伴娘。章萍没有出现在思诗的婚礼上，只是托人送去了自己的份子钱。

　　章萍没能逃离忌妒的魔爪，友谊的巨轮就此翻沉。章萍在忌妒中不得安宁，给自己造成混乱和迷茫，最终失去了友情。章萍渴望爱情，却不懂得把握爱情。与其羡慕忌妒别人，还不如让自己变得更好，只有优秀的你，才能配得上还未出现的优秀的他。在爱情中是这样，在人生其他的重要抉择中又何尝不是如此？只有从忌妒中脱身，才能做更好的自己。

　　不得不说，你所羡慕的，都是自己没有的。你会忌妒、你会焦虑，是因为现在的你与想象中的自己很有距离，你会忌妒，是因为你看到他人的优秀以及自己的不足。只有发现自己的不足然后去改变它，你才能享受自己的生活。有心的人已经开始了新的旅程，只有你足够的努力，才能成为自己羡慕的那个人。

控制住欲望，做人要明白适可而止

　　只要是人都有欲望，并时刻被欲望包围，抱怨、痛苦、快乐、幸福……不过，这就是生活，酸、甜、苦、辣、咸五味俱全，一样也不缺。有位哲人说过："人的欲望就像是一座火山，如不控制就会害人害己。"

　　我们活着，最重要的就是克制自己的欲望，懂得适可而止、知足常乐。唯有这样，我们的生活才会充满快乐，我们才会感受到幸福。

　　快乐是我们内心的一种感受，它就在我们身边，我们每天都可以见到它。但是，在贪婪的人眼里，快乐却总是很遥远，他们苦苦追寻快乐，却一直没有收获，徒添了很多烦恼。

有一个国王得了重病，御医对此束手无策。

王后问国王："怎么样才能让你恢复健康呢？"

国王回答说："我是国王，享尽了人间的荣华富贵，但是我却感到不快乐，我当国王还有什么意义呢？"

王后说："这该如何是好啊？"

"去寻找一个天底下最快乐的人，我想知道他快乐的原因。"国王答道。

之后，王后将国王的话传达给了王子，让他去寻找天下最快乐的人。

王子知道托比是天下最富有的人，应该是最快乐的，先去找了他。来到托比的住处，王子说明了来意，谁知托比一脸愁容，无奈地说："王子呀，我一天也没有感到快乐啊！"

王子不解，问道："你已经非常富有了，为什么还不快乐呢？"

"我的目标是赚到天下所有的钱，这个目标还没有实现，所以我不快乐。"

王子只好来到邻国，面见了邻国国王，并说明了来意。邻国国王说："我跟你父王一样，整天都忙于国事，根本就快乐不起来。"

王子告别了邻国国王，继续寻找。有一天，王子遇到了一位智者，他告诉王子说："人间不存在快乐，只有苦难和忧伤。真正的快乐在天堂。"当然，王子没有相信他的话。

接下来，王子又遇到了不同职业的人，但他们的答案都不能让他满意。直到有一天，王子遇到了一个乞丐。那天，王子正在树下叹气，正好被这个乞丐看见了。

乞丐问："年轻人，天气这么好，你叹什么气啊？"

王子见是乞丐，十分恼火，呵斥他说："关你什么事啊！"

乞丐没有恼怒，反而笑了笑，说道："前面有条小河，天气这么热，不如我们去洗洗，去去暑意，甭提有多快乐了。"

"快乐？你连饭都吃不上，还会快乐？真是太可笑了。"

"即使吃不到饭，用野果充饥也不错的。"

"那你晚上怎么睡觉？"

"地为床，天为被，多么宽敞啊！"

"那你身上有钱吗？"

"钱财是身外之物，我一个乞丐要钱干什么？钱太多了容易被人算计，我才不想自找麻烦呢！"

王子又问："那么权力呢？"

乞丐哈哈一笑说："权力算个什么东西？靠权力过日子的哪个比我快乐呢？"

王子问："你一无所有，到底凭什么这么快乐？"

"年轻人，我并不是一无所有，我拥有一切——太阳、月亮、春风、细雨、鲜花和无数的食物。这些都值得我快乐。"

王子恍然大悟，拉着他立即奔回了王宫。

如果你感觉不到快乐，那么你现在拥有的一切都不会让你感到快乐。其实，你快乐的理由，是要你珍惜眼前所拥有的一切。

人总是会有很多欲望，总是在不停地追求，认为得到了财富以后，自己就会变成一个快乐的人。得到以后才发现，原来自己并不快乐，于是财富成为沉重的枷锁，将快乐挡在了门外。快乐的方法就是打开枷锁，让自己变轻松。一个人有所追求，才会有成功的机会，追求可以成为一种快乐，欲望却永远都是生命沉重的负荷。

詹姆斯在成为富翁之前，是一个穷小子，他每天穿着旧衣服，吃着残羹剩饭，非常羡慕街上那些坐马车的富人。他常常幻想："如果哪天我成为有钱人，那么我就是一个快乐的人了。"

有一天，幸运真的降临到了詹姆斯的身上，他竟然捡到了一袋珠宝。最初，詹姆斯想独吞这袋珠宝，但他转念一想，还是决定将珠宝归还给它的主人。于是，他在那里等了两天，终于见到了珠宝的主人。这个丢失珠宝的人对詹姆斯大为赞赏，也非常感动，当即决定赠送半袋珠宝给他。

谁知，詹姆斯却拒绝接受珠宝，并说："先生，我不想要这些珠宝，我想靠劳动成为一个真正的富翁。"珠宝的主人看着詹姆斯说："我专门做珠宝买卖，既然你不要珠宝，那就跟着我做生意吧，不过这袋珠宝就算是你的本钱。"

此后，詹姆斯跟着珠宝商人做起了生意，慢慢地赚了不少钱，成为一个富翁。为了赚到更多的钱，他兼并他人的店，几年之后成为一个真正的珠宝大亨。他终于过上了上流社会的生活，经常参加沙龙和晚宴。在宴会上他跟客人谈笑风生，可是客人一旦离去，就剩下他一个人，他一点儿也不快乐。他想娶一位姑娘为妻，可是那位姑娘是因为他有钱才嫁给他，这使他感到非常痛苦。他的珠宝店还被人打劫过，于是他生活得战战兢兢，每天都担心自己的财富。

直到有一天，詹姆斯看见了一个流浪汉，见他脸上时刻都挂着阳光般的表情，便命人将他请进了办公室，问他："你生活这么贫苦，为什么还能这样快乐？我如此富有，却为什么感受不到快乐呢？"

流浪汉对他说："您看我一无所有，而您却背负着众多的欲望，怎么会快乐呢？"听完流浪汉的话，詹姆斯茅塞顿开。从那天开始，他决定做一些有意义的事情，比如帮助流浪儿童和无家可归的人，做一些公益活动。这么做之后，詹姆斯又有了笑容，觉得自己是真正快乐的。

欲望是个金托盘，是潜伏在人心里的一种病毒。人的欲望没有满足的时候，如果自己的意志不坚定，就会让欲望有机可乘，自己最终也会陷入无穷无尽的重负之中。不仅如此，欲望过重还会让人更加难以获得快乐。所以，一个人要想过得快乐、轻松，一定要少一些欲望、多一些淡泊。只有这样，人才不会为欲望所控制，不会被欲望侵蚀心灵。

曾经有一个人每天都努力工作，可就是无法取得别人那样的成绩，甚至连自己的小小愿望都无法实现，为此他很苦恼。有一天，他去拜访一位智者，跟智者抱怨生活不如意，并请智者指一条道路。

智者没有说话，而是给他一个小篮子，让他走一步就捡一块石头放进去。

那个人按照智者的话去做，没一会儿，篮子装满了石头，很重，那个人累得气喘吁吁。智者此时才对他说："现在你明白你感觉生活累的原因了吗？那就是因为你的生活中有太多的欲望，还充斥着一些无用的东西，这些加起来让你难以承受。所以你感觉到生活很累。"

我们每个人来到这个世上的时候，都有一个小篮子，在成长的过程中，也都在捡石块，捡了第一块，还想捡第二块，越捡越多，结果被欲望塞满了内心，最终失去了快乐。要想多一些快乐、少一些抱怨，那不妨少一点欲望、多一点淡泊，求得内心的平静和安详。

第五章
非暴力沟通：控制好语言才不会伤害他人

　　每个人的生活背景不同，生活经历不同，因此思想也不一样。当我们想和别人沟通时，就要先意识到这一点。想法不同，就会说出不同的话，我们不能因为别人的思想与自己不同，就"出口伤人"，用语言去攻击对方，或者千方百计去说服对方。如果你偏执地非要这样做，你会发现，你不仅无法获得对方的认同，还会因为语言让对方感到不舒服，最后只能适得其反，无法达到目的。

管好自己的嘴，别因不会说话得罪人

当你步入社会后会慢慢地发现，那些从前在课本里学来的心直口快、仗义执言、直言不讳等行为，在这个现实的世界里显得那么不成熟。因为，那些口无遮拦的人，总是轻易地就得罪了某些人。

谷雨平时为人热情，多次帮助公司的女同事介绍对象。但结果是成的少，无疾而终的多。在公司里，有一位三十多岁的女同事，谷雨多次给她介绍对象都没成。谷雨一时心急，就在闲聊时大发感慨地说："三四十岁还不结婚的人心理肯定有问题。"语毕，那位女同事很生气地说："我怎么就有问题了，你这么说话合适吗？"

谷雨也觉得自己说话过分了，连忙补充道："对不起，我不是说你，我是说男的。"说完，方想起来办公室里还有一位快到四十岁的男同事至今未婚。最后办公室一片静默，好好的气氛就这样被破坏掉了。

年轻人一定要管好自己的嘴，别像谷雨那样，什么话都不经过思索就脱口而出。这样很容易伤害到别人，自己在别人心中的美好形象也会直接下滑，最终成为一个不受欢迎的人。

露露为人直爽，说话直接。同事们经常说她口无遮拦，说话永远不经大脑。就因为说话口无遮拦，露露常常不顾及别人的面子，所以有时得罪了人，她还不知道。

一次，朋友郝灵买了一件新衣服，很贵、很漂亮。但遗憾的是郝灵的身材因为刚刚生完孩子有些臃肿，衣服穿起来有些不合适。

朋友们都看出来郝灵很喜欢这件衣服，所以都不忍心打击她，纷纷赞扬起来："这样的衣服才显出你的气质，穿起来真好看，虽然贵了点儿，但物有所值啊！""这件衣服真好看啊！在哪儿买的，哪天我也买一件。"……

这一系列的赞美让郝灵很受用，她非常高兴。可是这时露露却突然说："你太胖了，身材都变形了，穿这衣服真是不好看，你看你的小肚子都露出来了，多难看啊！而且还那么贵，也没见得好在哪儿啊，我看也不值那么多钱，有这些钱都能买好几件不错的衣服……"

还没等露露说完，郝灵便气愤地走了。其他朋友也很生气："你是实话实说痛快了，可这不显得我们虚伪吗……"

以后，大家聊天时总是躲着露露，毕竟，谁的面子也不禁伤啊！

俗话说："病从口入，祸从口出。"像露露这样口无遮拦，虽然逞了一时口舌之快，最终却伤人伤己。

步入社会以后，你就没有童言无忌的豁免权了，如果你继续口无遮拦，只能让你处于朋友不待见、同事不喜欢的尴尬境地，最终交友失败、事业失败。所以年轻人一定要先明白这个道理，然后在与人交往时，牢牢把握好说话的尺度，避免口无遮拦。只有这样，在与人交往时，才能保证自己不会因为说话而得罪人。

他人的"污点"，切莫去尝试触碰

每个人都会有或多或少的污点，毕竟人无完人，但在交际中，我们绝不能只盯着他人的污点看，甚至对其不屑一顾。这是无礼的表现，不仅会伤害他人，树立不必要的敌人，还会影响自己在大众面前的形象。

沟通是一门学问，如果总是轻易对有污点的人失礼，盲目地自我感觉良好，就容易处在危险之中。久而久之，自己也会失去人心。

张冰是高级俱乐部的会员，俱乐部每个月都会举行社交宴会，每次都会来很多名人，是拓展人脉的绝好场所。所以，在这里，大家都会尽情展示自己的交际之术，以此来获得别人的关注。

张冰性格比较冷傲清高，她来这里的目的就是寻找完美的合作人。在交谈之中，她从别人口中听到了科技大亨 Mr.张的"丑闻"。

据说 Mr.张离过三次婚，最近的一次是上个星期之前。他的"小媳妇儿"偷了他很多钱，最后跟别人跑了。

张冰一听就对他满脸不屑，她认为这么花心滥情的人简直就是可耻的。

"Hi，你们好，我是 Mr.张，很高兴认识你们。"话说没多久，Mr.张就过来打招呼。其他人都很热情地给予了回应。

"哼。"张冰满脸不屑，她理都不理 Mr.张，径直走开，跟其他人打招呼去了。Mr.张非常尴尬，他深深地记住了张冰。

有好几个朋友都提醒张冰，不要太过情绪化，不能对别人无礼，哪怕是有污点的人，也会有了不起的一面，说不定还能成为合作者。张冰年轻气盛，对大家的劝告不屑一顾。

这世界真小，后来有一次张冰跟着同事去会见客户，结果正巧碰到了 Mr.张，他什么也没说，只是含笑看着张冰。

这时，张冰懊悔死了，她真后悔当初让 Mr.张下不了台，现在对方肯定不会跟她合作了。事实上，Mr.张是非常理智的科技大亨，他没有太为难张冰，但合作期间也只跟张冰的同事详谈。此刻，张冰才真正意识到当初的失礼是多么不应该。

从那之后，她再也没犯过类似的错误，她时刻铭记，他人的污点绝不应成为自己失礼的理由。

所有人都有缺点，甚至是污点，如果只盯着他人的污点看，必然会变得心胸狭隘、斤斤计较，失去更多朋友而变得更加孤独。

跟人沟通时，要时刻注意维护对方的面子，毕竟在交际场合，面子对每个人的意义都是非常重要的，所以最好不要做失礼的事。不要逞一时之快，而在人际关系中落于下风。

拿别人缺点说事的人，不仅会得罪当事人，旁人也会认为他无知，反而损害自己的形象。当听到闲话时，我们还要及时制止，体现我们的理性和睿智。

除此之外，在跟人相处时，要多肯定他人的优点，每个人都有想得到肯定的心理。每个人都有缺点，也会有优点，多肯定他人的优点才能跟大家友好相处。当别人都在拿他人的污点说事时，如果你能肯定他的优点，必然会得到感激，他日获取帮助时也会容易许多。

李亮是个朝九晚五的上班族，他最爱在下班的时候买水果。一天，楼下来了个卖水果的新摊子，他决定去买一些。

结果，他挑完水果之后才发现自己的钱包不见了，他找了很久也没找到。当时，真是尴尬极了。

"你是李亮吧？"卖水果的男子居然认出了他。

"对，对，我是。"李亮连声承认，但却不认识摊贩。

"我是小杜啊，之前在你们公司上过班，你不记得了？"

说到这里，李亮才有了印象。当时，小杜娶了一个长相难看的妻子，大家没事都笑话他，只有李亮一直很尊重他，肯定他的工作能力。

"这些水果你拿着吃吧。"小杜非常热情，让李亮感动不已。

虽然是件小事，但不难看出，多肯定他人的优点，少说缺点是赢得大家喜爱的好办法。

如果在谈话时，非要提及他人的污点，这时就要掌握正确的方法。语言要含蓄，说法要委婉，最好一带而过。如果说话太过直接，很容易伤害对方的自尊，将矛盾激化。

每个人都有缺点，如果我们能客观真诚地看待评价，相信他人也不会说什么，但万不可出言不逊、幸灾乐祸，如此失礼，后果会很严重。

在跟别人说话时，要客观看待他人，讲究正确的交谈策略，不主动提及他人的污点，不触碰他人的伤疤，用温和的态度以礼相待，你会发现，你的世界会宽阔许多。

得意时，给失意人留一个台阶

人生不会永远一帆风顺，谁都有时运不济的时候，不论何时都要给自己留一条后路，凡事不能做绝。得意时，不要把别人逼进死角，要给对方台阶下。这不仅是给对方机会，也等于是为自己留了扇窗户。

"三十年河东，三十年河西"，如果当初给他人留了后路，落魄时对方也会对你伸出援手。如果之前太过盛气凌人，别人只会给你一脚。

刘静大学毕业后，和她的一名同学王艳进了同一家服装公司。因为是校友，所以，两人都和和睦睦。但后来，刘静就开始发牢骚，而牢骚的主要原因是两个人开始暗地里较劲儿，都想早日评为优秀员工，好升职加薪。

有一次，刘静整理的数据出了问题，领导在办公室里狠狠批评了她："你来公司这么久了，怎么都不长心啊？这么简单的事你也出错，真是让我太失望了。"

这时候，王艳正好也来交东西，看到这一幕不但不给刘静台阶下，还趁机添油加醋地讽刺："我们是同一天来公司的，算算日子也不短了。"王艳的讽刺之意非常明显，刘静心里很生气。

领导又批评了刘静几句才让她出去重做。

"你刚才在办公室为什么添油加醋？再怎么说我们也是校友啊！"刘静拦住王艳质问她。

"我哪有啊？"王艳还不承认。

"你还不承认，以后你有事别求我！"刘静一时生气，开始发火。

"求你？哼，我才不会出错，咱们今天就一刀两断，以后走着瞧。"王艳把事做绝了，没有考虑这样做的后果。

三个月之后，刘静被评为优秀员工，提了组长，成了王艳的上级。虽然刘静提了组长，但对王艳也没有什么报复的心理，毕竟两人是同学，也是好友，不能因为工作上的事失去了一个朋友。虽然刘静这么想，但每当她和王艳再见面时，还是会尴尬，而王艳因为当时说话带刺让她在面对刘静时很不自在，最后没办法，只好辞职，重新找工作了。

俗话说："饭可以多吃，话不可以多说，事不可以做绝。"这是为人处世的重要原则，也是中庸之道的重要表现。不给别人带来压力，同时给自己留一条后路，何乐而不为呢？王艳最后只能辞职走人，就是因为当初事情做得太过，不懂得适可而止，丝毫不给自己和别人留余地，最后只能自食苦果了。

每个人的生活都会有起伏，甚至会是一种轮回，一时得意，也总会有失意来临；一时猖狂，也会有落魄来品尝。如果不懂得给别人留余地，不懂得适可而止，甚至借机落井下石，之后必然会受到打击。说话做事适可而止、留有余地，才是保护自己的最好方法。

我们周围总有这样的人，年轻气盛、做事冲动，凭借一时之气，总喜欢把话说绝、把事做绝，最终把自己逼入窘境。把事做得太绝，就好比杯子里装满了水，继续加水之后只会溢出。

说话做事是需要智慧和胸怀的，有些事你再有把握，也不能万分肯定，更不能把话说绝，丝毫不给人留质疑的余地。这么做不但会引起他人的反感，还可能给自己带来后患。

王琳大学毕业后，找了份很不错的工作，待遇丰厚，活儿也不累，还有大把的休息时间。

她有些小虚荣，特别喜欢在别人面前显摆自己，炫耀自己有钱，彰显自己有追求、有品位。

每次见到朋友，她都会说："我的梦想就是环游世界，见识形形色色的人和事，那时，我就再也不是平庸的井底之蛙了。"

起初，大家都以为她说的是真的，都称赞她是浪漫主义者。

但是很久之后，她还是逢人就说自己要环游世界的梦想。渐渐地，大家都开始反感。

有一次聚会，一个朋友忍不住嘲讽她："你不是说一定要去环游世界吗？那你去过多少旅游景点呢？"

王琳尴尬地说："几乎都没去过。"大家忍不住嘲笑她。

另一位朋友当时赶紧出来打圆场说："没事，没事，计划往往赶不上变化，王琳的计划肯定会慢慢实现的。"

这位朋友的及时救场，让王琳感激不已，从那之后，王琳时不时地就送些礼物给这位朋友，在这位朋友最需要帮助的时候，王琳总是伸出援手。

每个人都有陷入尴尬、遇到困难，需要及时救场的时候，这时如果我们能为他人铺就一条出路，就等于给自己留个后路，以后也好办事。

在跟他人交往时，要懂得为别人考虑，得饶人处且饶人，不要把对方逼迫到无路可走。对他人仁慈一些，就是给自己留个机会。

还有，我们要端正自己的态度，不要拜高踩低，不要戴着有色眼镜看人。有些人比较势利，看着他人落魄就冷眼相待，甚至认为对落难者的投资是无用的。因此，面对请求能躲就躲，不愿意伸出援手。这么做是不对的，在关键时刻要帮助他人，谁都有机遇不好的时候，现在落魄不等于永远不济，之后说不定还大有作为。

再者，我们还要有多在冷庙烧香的见识。平时有意识地多帮助时运不济的人，等他们有朝一日飞黄腾达之后，通常都会涌泉相报，这么做，也等于为自己留了后路。

做事留有余地是一种睿智，是宰相肚里能撑船的表现，可以感动人心，得到别人的支持。要想在交际道路上走得更远，给自己留条后路是最好的方式，一旦发生不利的事，还会有回旋的余地，不致太孤立无援。

口才好，也不一定要用在争辩上

如果你想和别人有一个良好的关系，就要时刻注意自己说话的语气；如果你想和对方交朋友，就不要总是和对方在一些小事上争论不休。其实，每个人都有自己的观点，不可能让每个人都和我们想的一样，因此应该时刻抱着宽大的心，让自己可以接受更多的、不同的意见。

每个人的生活背景不同、生活经历不同，因此每个人的思想也不一样。当我们想和别人交朋友时，就要先意识到这一点，知道每个人的想法必然有不同，这样就不会为彼此想法不同而懊恼了。有些人比较低调，他们不喜欢与人争执，即便大家的思想不一样，他们也可以各过各的，互不影响；但是，有些人却爱认死理儿，而且比较高调，总想和对方争个高下，事实上这种争执对他们来说没有任何意义。

如果你和朋友为一个并非涉及原则性的问题来争一个高下，那么自己最终能得到的是什么？不过是朋友之间伤了和气罢了。也许是为了逞一时之快，但是即便你在争辩上赢了，可是在人际关系上却输了，聪明的人从来不会为这些小事或是为了显示自己懂的更多来和朋友争辩。你要问问自己，是逞口舌之快重要呢，还是拥有一个朋友重要？如果为了争辩而失去了朋友，那绝对是不划算的。

王平在学校的时候成绩就一直名列前茅，而且不只成绩优秀，他还是班里和学生会的干部。平时，很多事情都是由他来拿主意，因此他一直觉得自己很优秀，但自从出了校门，这种状况就改变了。他现今只是一个公司的普通员工，原来在学校里的那种光环不见了，但他依然心高气傲，不管做什么都不服管，总觉得自己有一番道理。作为一个职场新人，王平吃了不少苦头。

一次，他和办公室里的一位前辈因为一个程序处理问题吵了起来。他觉得自己编写的程序是对的，而那位前辈认为他写的程序稍微烦琐了些，其实有更简易的写法，因为程序写得越烦琐，以后出故障的可能性就越大。但是，王平却觉得那位前辈是在故意刁难他，因为他的程序本来没有错，就算是写得复杂了点，同样可以达到效果，干吗非要拿这件事让他当众出丑呢？于是，王平自以为是地据理力争，不管怎么说，他就想让自己的成果得以应用，事实上，他和那位前辈争吵之后，由总经理出面，他的程序还是要改，因为这关系的不是他个人的利益，而是整个公司的利益。其实，王平心里也明白，程序修改一下会更好，但他为了自己的面子就不管不顾了。自此以后，总经理对他有了偏见，办公室里其他人和他也都比较疏远了。他不仅没有争辩过那位前辈，还赔上了自己技术不过硬的坏形象，这就叫"一步走错，满盘皆输"。

　　王平开始反思自己：尽管自己在学校的时候是个风云人物，但是那只是在学校而已，与真实的社会相比，那就像一个过家家的游戏。他开始明白，在职场中，想要获得好人缘，要时刻保持谦虚谨慎的态度，与人交往的时候不要老想着一争高下，适当的时候多恭维一下别人也是必要的，毕竟自己还是新人。他想到这里，就知道自己应该怎么做了，于是他开始尽力去改变这种境况。在一次午休的时候，他当着大家的面给那位前辈道歉，并希望大家都能接受他这个刚入社会不久的新人的歉意，之后邀请大家一起去吃自助餐，算是为那天的事赔罪。

　　在王平的邀请下，大家都欣然地接受了他的好意，后来在办公室里他和大家的关系也渐渐好了起来。

　　从王平的故事里可以看出，一个人如果喜欢与人争执，可能会被认为是一个不易相处的人。那么，当你想要再与别人建立联系时，就会比较困难了。

　　大家要记住，遇到什么事情都不要急着与人争辩，先考虑一下是否是自己的原因。如果真是自己错了，那就应该听取别人的建议。如果这个时候还要和别人争辩的话，那就是无理取闹了。事实上，如果与他人争辩，即便是真理掌握在你的手上，你也该语气平和、娓娓道来，而趾高气扬地和人争辩，就算你说服了别人，别人在面子上也过不去，之后对你将心存芥蒂。当然，如果在迫不得已的情况下，你也要选择合适的时机，采取合适的方式，来向对方解释和阐述自己的理由。

　　总之，争辩不会为你带来朋友；相反，你可能会因此而失去更多的朋友。

沟通不可个人主义，学会多顾忌他人的感受

有这样一类人，他们总是自我感觉良好，做什么事都只以自我为中心，置他人的需求于不顾。这主要表现在：第一，不关心别人，与他人关系疏远；第二，固执己见，唯我独尊；第三，自尊心过强、过度防卫，有明显的嫉妒心。

总的来说，这种人心里只有自己，从来不考虑别人。原因是，他们拥有严重的个人主义思想。

毫无疑问，这种自我意识对他们自己的发展百害而无一利。由于过度追求个人利益，他们在实现崇高理想的同时，也失去了良好的人际关系——没有人愿意同他们这种自私的人合作共事或终生相伴。

坦白地说，任何人都有自私自利的思想，尤其是现今独生子女多，他们从小就是整个家庭的核心，长辈大多都过分地爱护甚至是溺爱他们，使得他们在不知不觉中养成了自私自利的坏习惯，在交际中会忽视别人的感受。

向南是某公司销售精英，正在奔着销售部副经理的位置努力着。这天他回到家，高兴地对小鹿说："老婆，告诉你一个好消息，今天开会的时候，领导对我提的方案很满意，还说……"

"真的吗？"小鹿心不在焉地说，她正在修剪一盆百合花，"那真是个好消息。老公你看，这盆花打理得好不好看？对了，咱家马桶不抽水了，你一会儿去看看好吗？"

"当然好啦。我刚说领导听取了我的建议，说真的，开会的时候我真有点儿紧张，但他们终于发现了我的才华，说不定……"

"是啊，我早就说过你是怀才不遇。"小鹿插话道，接着又说，"我买了咖喱粉，晚上我们吃咖喱饭吧。对了，下午表妹给我打电话，说要过来住两天，我去收拾一下客房，你先去厨房削土豆吧。"

直到这时候，向南才发现在这场沟通中，他彻底被老婆打败了。没办法，他只好闷头走进了厨房，而小鹿丝毫没注意到向南的情绪。

看到这里，大多数人都认为小鹿自私极了，只在乎自己的问题。其实小鹿和向南一样，都想找一个倾听者，可她把倾诉的时间弄错了。如果她能耐心地听完老公想说的话，再跟他聊自己想说的话题，两个人的相处会很愉快。

每个人都想获得利益，避免伤害，这就是人性。如果可以，我们都想按照自己的想法去生活，在交际中获得最大的利益。可是，人们总是相互制约的，每一个变量的改变都会对整个沟通产生深远的影响——就像"蝴蝶效应"一样，美国太平洋海岸的一只蝴蝶仅仅扇动了一下翅膀，就能引起对面海岸的一场海啸。所以说，事物的发展往往不会按照个人的意愿进行。

社会学家指出，人际交往中最简单、最实用的原则就是"你喜欢我，我就喜欢你"。所以，你若想得到别人的欣赏和尊重，首先要学会欣赏和尊重别人，人类的发展就是这样相互制衡的。

有人说，你能在某段时间骗了某个人，也能在某段时间骗了所有人，可是你不能在全部的时间里骗了所有人。你是什么人，大家迟早会看出来，到那时你的信誉就会像多米诺骨牌一样迅速坍塌。

因为人际关系是一种互动中的平衡，如果你不幸违背了这一原则，那么你很快就会得到教训。比如，曹操刚刚说了："宁我负人，毋人负我！"陈宫就想："（曹操）原来是个狼心之徒，今日留之，必为后患。"于是，他就起了杀曹之心。虽然陈宫最后没能杀了曹操，但也不再辅佐他了。对曹操来说，失去陈宫是一个非常大的损失。

在现实社会中，每个人都有自己的欲望和要求，并且享有相应的权利和义务，但是现实不可能满足所有人，如此一来，就很容易出现矛盾。因此，我们不能一味地为自己考虑，而要客观地面对现实，学会礼尚往来和包容。当然，我们也不应该放弃自己的合法权利和正当欲望的满足——要是每个人都以自我为中心的话，大家都不会有好日子过。

我们要跳出自己的圈子，提高自己的修养，控制自我的欲望与言行，多为身边的人着想，学会尊重、理解和关心、帮助别人。只有这样，在你需要帮助的时候，别人才会伸出援手。

职场学会谦虚低调，控制住爱炫耀的性格

工作中真正懂得表现自己的人，通常既表现了自己别人又察觉不到。他们不会自顾自地在那里大谈特谈，不会以自我为中心，而是能给人一种"参与感"。与同事交谈时，他们喜欢用"我们"，他们不喜欢用"我"，因为"我"让人产生一种距离感，而用"我们"不仅无形当中把其他同事拉到同一阵营，并且更有亲和力，而且还可以按照自己的意图影响他人。

"木秀于林，风必摧之。"这就告诉我们，一个人太出彩其实不是一件好事，我们要随时保持谦虚低调的态度，才能让自己离成功越来越近。因此，我们在工作后的头三年里就要学会不露声色地让别人注意到自己，这就是大家所说的"低调地表现"。

张栋是一家大公司的职员，他工作积极主动，待人热情大方，深受同事们的欢迎。可是突然有一天，一个不经意的举动让他在同事眼里的地位一落千丈。

这天大家在会议室等待着经理来开会。一位同事觉得地板有些脏，于是就站起来开始打扫。张栋却没有注意到，一直站在窗台边往楼下看。这时他突然走到拖地的同事面前说要替那位同事打扫，可是这时地已经拖完了，可张栋却执意要求，同事也没多想就把拖把递给了他。

张栋刚把拖把拿过来，经理便推门而入，正好看到他拿着拖把拖地。于是，一切不言而喻。

大家突然觉得张栋十分虚伪，便纷纷不再跟他交往。

自我表现是人类的一种本性。就像百灵鸟喜欢炫耀清脆的声音一样，人类喜欢表现自己是很正常的行为。如果不分场合地表现自己就会让人觉得虚伪、做作，引起其他同事的反感，最终的效果往往会事与愿违。很多人在谈话的时候不管是否以自己为中心，老是爱表现自己，这种人会让人觉得轻浮、傲慢，最终让别人产生排斥感和不快情绪。

在和别人交往的过程中，每个人都希望得到别人的尊重和赞赏。法国有位哲学家曾说过："如果你要得到仇人，就表现得比你的朋友优越；如果你要得到朋友，就要让你的朋友表现得比你优越。"这是因为，当你的表现让朋友觉得他们比你优越时，他们就会有一种得到肯定的感觉；当你表现得比别人优秀时，很多人就会反感，甚至产生敌对情绪。因为每个人都会在无意识的情况下本能地维护自己的尊严和形象，如果有人让他感觉到自卑，那么无形之中他就会对那个人产生一种排斥心理，严重的甚至会产生敌意。

在职场中，即便你真的比你的同事强，在心理上你也要给别人应有的尊重，学会与他们相处，这样同事也就不会对你产生反感，同时他们也会慢慢认可你的能力。同时，你还要懂得适当暴露自己的劣势，减轻忌妒者的心理压力，从而淡化危机。

李静是刚从大学毕业进入中学的新教师，对最新的教育理论颇有研究，讲课也形象生动，寓教于乐，很受学生欢迎，引起了一些任教多年却缺乏这方面研究的老教师的忌妒。为了改变现状，李静故意在同事面前放低自己的姿态，并且很谦虚地向其他老师学习。

李静放低姿态后，有效地拉近了自己和其他老师的距离，也就消除了他们对她的敌视心态。

平易近人、低调谦和的人总能结交许多好朋友，而那些孤傲自大、自以为是的人，在交往中到处碰壁，让人反感，令人讨厌。

职场中往往会有这样一些人，他们十分机智，有很强的工作能力；但是他们锋芒太露，让别人敬而远之。他们太喜欢表现自己了，总想让所有人知道他们比别人强，以为这样才能获得他人的敬佩和认可，其实结果只能让同事们讨厌、反感。

做人要学着低调，要学会谦虚。越是谦逊的人，别人越是喜欢和他相处，最后越会发现其优点；越是孤傲自大的人，别人越会瞧不起他，喜欢找他的缺点。因此平时一定要学会谦逊待人，这样才会得到别人的支持，为你的事业成功奠定基础。当你以谦逊的态度来表达自己的观点或做事时，就能减少一些冲突，还容易被他人接受。即使你发现自己有错时，也很少会出现难堪的局面。

不管怎么说，作为职场新人，刚刚踏入公司，一定要学会低调做人。即使你的才华再出众，即使你学校的名字再响亮，也不要在同事之中表现出高人一等的姿态来。你可以表现自己，但是不要太过高调，要保持谦虚的态度。只有这样，你才能在出色地完成工作的前提下又得到大家的赞赏。

真正的聪明人，交际时最会"装傻"

在沟通中，如果要比别人聪明，那么最好告诉别人他比你聪明。真正聪明的人，从来都是不显山、不露水的，他们总是低调内敛，不恃才傲物，不高傲自大。

就算你真的有才华，交际中也不要显露出你比别人聪明，否则你不仅会失去更多的交际机会，还会因此招来灾祸。

有智慧、有才华、有能力是一件值得称赞的事情，这是你将来取得成功的资本，但是你若把优秀的一面故意在别人面前显摆、炫耀，过分外露自己的聪明才智，那么最终会因小失大，甚至会给自己的一生带来伤害和阻碍。

在交际中，适当掩饰自己可以维护你与他人的良好关系。不要指出别人的错误，那样只会让他觉得你比他聪明。所以我们要使用遮掩的方式把自己的聪明隐藏起来。这种谋略在交际中很重要。

在与人交往中，你一句轻视的话语、一个不屑的眼神、一个不满的动作等，都相当于直接地告诉他："我比你更聪明。"

交际的目的是建立人际关系，而不是树立敌人。不要过分炫耀自己的聪明，这会让别人以你为攻击对象。如果真到了那种时候，你会多么愚笨。为什么要逞一时之勇、显一时之聪明，而给自己带来麻烦和阻碍呢？这时的你应该能明白"守拙"的重要性了吧！

如果在人际交往中，遇到了忌妒心很强的人，又因为某种特殊的原因不得不与他交际的时候，那么你一定要做出实际的事情来让他觉得他比你聪明，这样你才能保护自己不被他的偏激行为所伤害。

张磊就是一个很懂得守拙的人。单位的同事都觉得张磊是一个很憨厚的人，每天见到同事他总是笑嘻嘻的，而遇到单位发福利的时候，张磊也从不计较，总是给多少拿多少，从来不抱怨。很多同事都认为张磊很傻，因此在平时总是怂恿张磊给他们买包烟或者请吃个饭。但张磊从来没有推辞过，也从来没有和这些人急过眼，总是笑嘻嘻地答应着同事们的各种要求。

有一年，公司效益不好，老总开会让大家集思广益，公司的问题在哪里，有什么好的解决方案，未来的发展方向又是什么。同事们七嘴八舌、各抒己见，有的甚至因为意见相左而争辩得面红耳赤，但张磊却还是一言不发，坐在自己的座位上。但他却用电脑一直在写着什么。会议就在大家的争论中结束了，但最终也没说出个一二三来。

等到会议结束后，张磊敲开了老总办公室的门，老总看到是张磊，很诧异，问道："张磊，你找我有什么事吗？"

张磊说："会上您不是问我们对公司的发展有什么意见和建议吗？会上大家的发言很多，我都认真听了，而我嘴笨，也说不了太多。但我把我的想法和意见都整理了出来，现在拿给您看看，看是否有用。"

说着，张磊拿出了打印好的几十页"文稿"，上面分门别类，从公司因何利润减退、到竞争对手的分析、到公司的应对方案、最后总结了公司的未来发展方针和走向。老总看到这份详细的计划书很诧异，没想到张磊对公司各个方面都这么了解，而且眼光如此长远。老总很欣赏这份计划书，并且发现张磊是很有才能的一个人。最后，决定提拔张磊为部门经理。

张磊平时看起来傻呵呵的，其实是很有才干的人。他没有把自己的才华时刻拿来炫耀和显摆，而是在需要的时候，再将其展露。不鸣则已，一鸣惊人。

生活中，我们很少能做到张磊这样，大家普遍都爱炫耀，守拙或装傻会感觉自己真的傻。其实不然，古往今来，我们看看那些成大事的人，大多数看起来都是憨态可掬之人，而在关键的时刻一"亮剑"，却惊艳众生。我们要学习这些能装傻的人，平时不要总想突显自己，贬低别人。真正的聪明人，是懂得如何在平时装傻，这样既能赢得友谊，也能避免"枪打出头鸟"的风险。当真正需要你"亮剑"之时，再展现自己的与众不同。

控制想说话的冲动，倾听才是最好的沟通

人有一张嘴和两只耳朵，启示我们多听少说。生活中，善于倾听

的人才算是有魅力的人。尊重别人和赞美的方式之一就是倾听。大家都知道，在人际交往中，那些能说会道的人不是最善于与人沟通的高手，真正的高手是那些懂得倾听、善于倾听的人。也许你会认为，在人际交往中我们都没和对方说几句话，何谈给对方留下深刻的印象呢？可是大家忽略了一点，正是因为倾听让我们给对方留下了良好的感觉。

乔·吉拉德花了近一个小时的时间好不容易让他的顾客下定决心买车，接下来的步骤很简单：仅仅是把顾客带到他的办公室，签好合约。

就在他们走向乔·吉拉德办公室的时候，那位顾客突然说起了关于他儿子的事情。

顾客十分自豪地说："乔，想必你一定知道普林斯顿大学吧？我的儿子被那所大学录取了，他将来就要涉足医学这个行业了。"

乔·吉拉德回答："真是太了不起了！"

当两人继续向前走的时候，乔·吉拉德并没有看向自己的那位顾客，而是四顾看其他的顾客。

"乔，我儿子很聪明吧？当他还是婴儿的时候，我就发现他非常的聪明了。"

"哦，那还真是有才华啊，成绩相当不错吧！"乔·吉拉德嘴里应付着，眼睛却像雷达一样在四处看。

"当然了，没错！他是班里最棒的一个。"

"这么厉害！想必一定有一个很不错的专业吧？他将来要做什么呢？"乔·吉拉德心不在焉。

"乔，我刚才已经说过了，我认为你并没有认真听我说，我儿子考

— 117 —

上了普林斯顿大学，以后要当医生。"

"哦，那太好了。"乔·吉拉德说。

那位顾客觉得乔·吉拉德不是很尊重自己，于是，顾客打了一声招呼便走出了车行。乔·吉拉德木讷地站在原地，因为他还没有意识到自己究竟哪里做错了。

次日上午，乔·吉拉德一上班就给昨天那位顾客打电话，诚恳地致歉道："我是乔·吉拉德，昨天是我照顾不周，希望您能原谅，现在我们这里有一款新车，您能来一趟车行吗？"

电话那端，顾客不耐烦地说道："哦，原来是这个星球上最伟大的推销员先生啊，抱歉地说一句我已经买到了新车，而且是一辆很棒的车子。"

"是吗？"

"没错！我是从一个懂得倾听的推销员那里买到的。乔，要知道，当我对他提到我儿子让我多么骄傲的时候，他是多么认真地听，而不是东张西望。"顾客接着说道，"你知道吗？乔，倾听对一个人来说就是尊重，我儿子当不当医生对你来说并不重要。对你来说，谁签不签合同才最重要！顾客的喜恶你完全不在意，也不懂得如何去认真聆听，真是个笨蛋！"

在那一瞬间，乔·吉拉德才恍然大悟：原来自己犯了个如此巨大的错误——没有人会喜欢不听自己说话的人。

我们在日常交流中，应该多听听他人的诉说，满足他人倾诉的愿望。人都是这样，只有感到别人认真听自己的倾诉后，才会有一种被尊重感，继而有了更深入的谈话。年轻人只有认识到这点，为人处世才会变得顺利，离成功也就不会太远了。

美国著名谈话节目主持人奥普拉是鲁豫的偶像。鲁豫和奥普拉相似之处都是以亲切、知性的邻家女孩形象出现在电视荧屏上的，很多人都是因为她们那种轻松随意的谈话方式被征服，尤其是那种"倾听式"的主持风格让人印象深刻。

鲁豫就是一位十分懂得倾听的主持人。记得在一期节目中采访易中天，鲁豫就用这种方式让易中天在节目中畅所欲言，从而达到了良好的收视率。

例如，在节目中，鲁豫想了解易中天在学校教书时和在《百家讲坛》中讲座时有何区别，就对易中天说道："您有这么多年的讲课经验，积累了这么多年，所以在《百家讲坛》讲座也并非一件太难的事吧?"

鲁豫明白，每一个大学教授在做电视节目时刚开始都会有明显的不适应，而鲁豫又没把这个问题明说，通过几句对易中天的赞美，把这个问题看似简单地抛了出来。而易中天果然对做节目有很多的"苦"想诉说。听了鲁豫这样抛砖引玉似的提问后，易中天感叹地说了一句"难啊"，然后便开始讲述上课和电视上讲座的区别到底有多大。从"以前有很多学者在《百家讲坛》失败的经历"说到"电视观众和学生的不同反应情况"，从"电视剧与话剧的区别"说到"电视讲座所要借鉴的戏剧要素"……像打开的水龙头一样滔滔不绝。

在易中天讲述的过程中，除了一处必要提问外，鲁豫和其他观众一样都是在扮演着倾听者的角色。正是这种倾听的氛围使易中天情不自禁地展开了更宽广的话题，也使观众们更深入地了解了易中天，当时节目现场也是掌声不断。

倾听就是对别人的尊重，有时候对别人最好的尊敬就是倾听。专心地听别人讲话，胜过你给别人很多的赞美。不管说话者是什么人，倾听能达到的功效都是一样的。人们的共性就是把关注点放在自己的兴趣和喜好上，同样，当你在谈论自己的时候，对方在全神贯注地听你讲，你心中自然而然会产生一种被重视的感觉。

第六章
摒弃惰性：拖延是自控力的死敌

自控力的最大死敌，往往就是拖延。当你想控制自己锻炼身体、保持良好的身材时，内心总会有一个想法告诉自己：从明天开始吧；当你面前摆着很多事情需要处理时，内心会有一个声音告诉自己：现在很累了，过一会儿再做也没事……很多时候，我们都会有惰性，什么事都想等一下再做。如果你没有良好的自控力，不能够严格要求自己，那你的人生将会在各种拖延中度过，到最后，发现自己一事无成。

永远想着明天，明天永不会到来

很多人总是习惯做事向后拖延一步。他们总是能找到很多借口、很多理由，或是因为外界环境太恶劣，或是因为自身准备不充分，或是还没等到行动的大好时机，总而言之，就是要继续心安理得地享受着平静和安逸。可是，安逸久了会让人产生惰性，即便真的准备好了、条件成熟了、时机来临了，他们依旧不愿意采取行动，依旧享受着安逸之后的又一个安逸。直到失败结果降临的那一天，他们才真正体会到因拖延而带来的悔恨。

有一条人生失败的教训不能不为我们所铭记：心动的时候多，行动的时候少。你想成为一名健身达人，却总是告诉自己等天气好一点儿再开始锻炼；你想考取注册会计师的资格，却总是告诉自己等明年复习得充分一点儿再报名考试；你想创业开一家自己的店，却总是告诉自己等心情好一点儿、头脑清楚一点儿再开始自己的计划；你想给父母和家人更多的呵护和关爱，却总是告诉自己等钱挣得足够多再去考虑让他们过上更好的生活。

人生中很多大好的时光和机遇，就在这样无休止的等待中被错过。天上不会自己掉馅饼，世间的很多成就不是要等到万事俱备以后才有采取行动的理由，如果真是那样，为理想而拼搏也就没什么特别的意义了。做事之前计划周详能够减少出错的概率，但这却不能成为一个人畏首畏尾、瞻前顾后的借口，如果不能果断采取行动，再完美的计划和目标永远都是空想和纸上谈兵。

在美国南北战争时期，西点军校的高才生麦克莱伦将军被誉为"小拿破仑"。可他在与南方军交战时迟迟无法取得实质性突破，一时间成为笑柄。

他总是抱怨装备不够精良，抱怨没足够时间训练士兵，总向总统提出各种各样的要求和条件。可当拥有了这一切时，他依旧以准备不充分为理由拒绝向敌方发起进攻，或是因过分谨慎不肯追击敌人而错过许多取胜机会。

在一次非常关键的战役中，他因为犹豫不决、举棋不定，在军队人数是对方两倍的情况下，错过了全歼敌军的机会，使战争不得不多持续了三年，因此而造成不计其数的不必要的人员伤亡和财产损失。总统最终对他失去了耐心，解除了他的军职。

有人这样评价麦克莱伦："有一种超越任何人想象的惰性，只有阿基米德的杠杆才能撬动这个巨大的静止。"

拖延会导致战争失败，也会让我们的人生一无所获。很多人总是抱怨自己情绪不好、状态不佳、时运不济，总想把今天该努力的事拖到明天再做。明日复明日，明日何其多。时间对我们每一个人来说都是有限的，我们拖延越多的时间，就会浪费更多宝贵的机会。更何况，成功本就不是唾手可得的，真等到一切都准备好了，别人或许早就先行一步，哪里还轮得上你。

很多人虽然有着雄心壮志，到头来却一事无成，就是因为他们一直在拖延，将所有好的时光都消耗殆尽。那些真正能取得成功的人，往往都深刻地懂得行动胜于一切的道理。

美孚公司作为世界 500 强企业之一，在公司高层的办公室，都挂着一个写有"绝不拖延"字样的白板。"绝不拖延"是这家公司的行为准则。在他们看来，避免拖延的唯一方法就是随时行动，因为没人会为你的拖延承担后果和损失，每一名员工都不能拖延哪怕半秒钟时间。

人有时就要有豁出去的精神，不管未来结果怎样，倾尽全力把眼前的事情做好。也许在取得成功之前，我们不得不放弃舒适安逸的生活，要进行很多枯燥乏味的努力，甚至忍受很多挫折和坎坷带来的煎熬，但这也正是人生奋斗的意义所在。正如戴尔·卡耐基说的那样："没成功之前要做与成功有关的事情，成功之后才可以做自己喜欢的事！"

美国著名政治家本杰明·富兰克林说："千万不要把今天能做的事留到明天。"拖延，往往源自对失败的恐惧。但如果你已经确定了你的目标，就把这种恐惧暂时丢弃，全身心地准备放手一搏。等待和逃避不会迎来成功的眷顾，赶快行动、绝不拖延才是明智的选择。

掌控时间，不虚度一分一秒

我们每天起床第一件事，基本都是拿出手机，仿佛批阅奏章一样一条条刷着朋友圈，给这个留个言，给那个点个赞。出门上班的路上，也是低头玩着游戏或者看着电影。低头族，已经成为现代社会的一个困扰。

让我们来看看那些匠人。在电视中，我看到一个开着豆腐坊的匠人。天还未亮就起床，开始按部就班地制作豆腐，哪怕在不需要工作的时候，他也总是不放心地四处看看，要不就是坐在屋中闭目思考。

这就是我们普通人和成功人士的区别，他们的身心都放在一件事上，无时无刻不在思考着如何能将它做得更好。而我们，每天都在浪费时间，想着怎么能让时间过得更快些，下班更早些。

现代职场中，依然有很多职员和企业领导对时间概念非常模糊，在我们身边，这几乎是我们每个人都经历过的，而且好像都有自己合理的理由。其实，这是没有时间观念导致的结果。时间就是成本，在还是职场新人的时候就养成时间观念，将会有助于以后的晋升和工作效率的提高。如果你想做一名好员工，以后想成为一位好领导，那就应该增强时间观念，不要虚度工作中的每一秒钟。

古人云："一寸光阴一寸金，寸金难买寸光阴。"中国人是世界上最早认识到时间管理重要性的，这也足以证明时间的宝贵。对于那些除了聪明没有别的财产的人，时间是唯一的资本。可以说，时间就是生命。浪费时间就是浪费生命，主宰时间就是主宰生命。因此，我们应好好珍惜它、经营它、利用它，使它发挥出应有的潜能和作用。

年轻的阿曼德·哈默正是因为不虚度生命中的每一秒，才取得了举世瞩目的成功。

阿曼德·哈默19岁时，他的父亲患了重病，无精力照顾和管理公司，就将与别人合办且面临倒闭的公司交给他经营。阿曼德·哈默当时自控力：
将不正确的心理活动和行为方式调整过来

还是大学一年级学生，他将公司全部买下之后，既要合理安排时间学习，又要好好管理公司。怎样将这样一个即将倒闭的公司扭亏为盈，怎样将读书和工作很好地结合起来，这对年轻的阿曼德·哈默来说可谓是一个重大的挑战。

平时，阿曼德·哈默都要花大半天时间去工作，而不能去听所有的课程。于是，他请了一个同学替他在课堂上做好笔记，供他晚上工作回来后学习。这样，他既可以把更多的精力和时间放在工作上，不受约束地去经营公司，又能不耽误大学的课程。由于他不虚度工作中的一丁点儿时间，又经营有方，公司的效益出奇的好。但那段时间，阿曼德·哈默每天都必须精确地分配时间，在照顾和经营公司的同时，还要抽出几个小时集中精力钻研同学为他抄下来的笔记。工作和继续学业使他懂得了时间的宝贵。

由于善于经营时间，不虚度每一秒钟，阿曼德·哈默在工作上取得了惊人的成绩。22 岁那年，他的公司纯利润超过了 100 万美元，他成了一名年轻的百万富翁。他还顺利地修满了医学学士学分，获得了哥伦比亚大学医学学士学位。

阿曼德·哈默之所以能够如此高效——工作和学业双丰收，完全得益于他高超的时间经营艺术——善于珍惜时间、利用时间，不虚度一分一秒。

工作中，我们无时无刻不在面对时间问题，无论是面对重大的人生转折，还是芝麻绿豆的小事，都要作一番抉择，而且必须自己承担抉择的后果。当然，结局不一定是美好的，尤其在时间的安排无法符合内心的罗盘时。因此，我们需要向珍惜时间的人学习，他们都能巧妙地利用自己的时间，以便能在有限的时间内最大限度地做更多的事情。

人们常说："不尊重时间，就是在浪费生命。"可见，时间的价值已远非自然经济和工业经济时代可比。虚度时间，既浪费了自己的生命，也浪费了他人的生命。凡是珍惜时间、不肯让一分一秒从自己的指缝中溜走的人，最后一定能在他的生命中打上"高效率"的标记。

时间的重要性如此突出，只有不虚度光阴、善于利用时间、珍惜时间的人才能更加接近成功，才能取得更高的工作效率。但是每个人每天只有 24 个小时，怎样才能胜人一筹呢？那就要珍惜每一秒，争取在有限的时间内创造出更多的价值。

那么，具体到工作中，我们怎样才能做到不虚度每一秒呢？你可以参考以下做法：

首先，合理安排时间。时间对每个人都是公平的，谁也不多，谁也不少。同样的时间里，有的人可以高效地完成事情，原因就在于他们通过事前的安排来赢得更多的时间。

其次，分清次序。按照事情的轻重缓急安排时间，并确定依次处理事情的方式。

再次，制订第二天的工作计划。在准确地制定目标之后就该制订时间计划了。

最后，留有计划外的时间。不要过分安排自己的事情，若把一天的时间都安排得满满的，没一点儿空闲，那么一旦出现一种不可预料的事，就会打乱全部日程。

每一位拖延患者，都很善于自我安慰

拖延行为产生的原因有很多种，有可能是众多原因一起作用的结果。一些人会对自己的拖延行为感到自责，并希望下一次能及时着手工作，但一些人似乎本身就不对工作结果抱有良好的愿望，在他们看来，只需要做一做就可以了，正是因为这样的心态，让他们不断地拖延工作。

我们都希望自己的工作能力得到肯定，这是证明自身价值的一种方式，同事的认同、上级的赞扬或者升职、加薪，这都是我们所在意的，也是我们内心脆弱的地方。然而，一旦我们因为拖延而失去这些的时候，我们便会在内心安慰自己：我根本不在意这些，我又没指望自己出类拔萃。其实这只是自我疗伤，越是自我麻痹，我们越是会拖延行动。

在这里，我讲两个发小的故事，他们两个有着同样的问题：

在公司甚至部门内部，很多人都不知道有小贝这个人的存在，因为她太普通了，普通的长相、普通的学历、普通的职位，其实这不是最主要的原因，问题是小贝自身，她自己从来不争取什么，无论做什么，她总是慢悠悠的。

有一次，我们俩吃饭，我问道："你不是说最近工作很多吗，完成得怎么样了？"她回答说："马马虎虎吧，周末前能完成吧。"

"你没想过更好、更快地完成工作，然后获得上级嘉许吗？"我问道。

"我没想过这一点，一般般就好了，我觉得没必要表现得那么优秀。"

我另一个发小也是个行动"迟缓"的职员。他是一名程序员，在IT部门，也是个几乎快被大家遗忘的人。

其实，从上学时代开始，我这个发小就是个成绩不好也不坏的学生，按部就班上大学，按部就班进入这家公司工作。不过他最害怕的是得罪别人，所以他从来不去争第一。

他热爱篮球运动，也很擅长篮球。一次，公司各部门之间要组织一场篮球赛，大家知道他有这一爱好，便让他也报名，虽然他推托了半天，但是盛情难却，便答应了。后来，他听说，他的部门主管也会参加，他心想，万一主管所在的队输了，岂不是为自己树敌了。比赛这天早上，为这事儿思索半天，最终他还是找个借口称自己不能去了。后来，我问他为何不参加，他说："我不想得罪人，反正我也没想比谁优秀。"

从我这两个发小的身上，可以看出他们两个都是拖延症患者，他们拖延的原因也都是他们不在意，不需要那么优秀。一个发小认为"一般就好"，另一个发小则不希望"枪打出头鸟""不想得罪人"。但无论如何，我们都能看出他们的消极心态。

如果你也是这样的人，那么，不妨问一下自己，你真的不在乎吗？还是因为已经拖延了而不在意后果呢？真正的原因在后者。这种消极的心态一旦占据了我们的内心，就不仅仅是工作拖延这一问题了，我们还会变得行动迟缓、精力不足、缺乏动力、食欲不振，甚至可能忧郁，严重的还会产生心理疾病。反过来，如果努力破除拖延的习惯，凡事立即行动，便会改变我们的生活和工作状态，让我们充满活力。

当然，一些人可能会认为，"枪打出头鸟"，那些在职场太进取的人，通常会成为别人嫉恨和打击的对象，聪明的处事方式是比别人慢一点，这也是保护自我的方式。的确，职场切忌锋芒太露，但这并不是鼓励我们做事拖延。毕竟，"做事"与"做人"不同，领导和上级欣赏那些会为人处世者，但他们不希望员工行为拖沓、耽误工作。所以真正聪明的职场人总是奉行低调做人、高调做事的行为准则，他们从不放弃的一点便是努力学习、充实自我。

韩蕾蕾是北京一家软件公司的职员，和销售部其他女职员不一样，她从来不和这些女孩子一起叽叽喳喳，也不经常去逛街、买衣服，闲暇时间，她都会买一些书籍来看。因此，在进公司的两年时间里，她除了掌握销售技能外，还对软件技术方面有了一定的了解。渐渐地，技术部门的一些工作她也能接受，这让公司的其他同事都对她刮目相看。

老总迈克把这一切都看在眼里，本着培养人才的态度，他将选派出色的员工前往德国总部学习四个月的机会给了韩蕾蕾。这个决定一出，公司里的"白骨精"们全都忌妒得红了眼睛。大家都知道：此前半个月，销售部经理已经移民海外，此次学习经历，无疑会为争夺销售部经理这个"肥缺"增添一枚重要的砝码。对此，韩蕾蕾当然也心知肚明。面对公司销售部很多老员工的怨声，迈克开了一个会，会上是这么说的："软件行业，无论是技术还是销售，都要不断地进步，没有进步，就没有市场，在韩蕾蕾进公司的这段时间，她的进步是大家有目共睹的，我之所以把这个机会给韩蕾蕾，是想激励大家，在公司，都是用实力说话的。"听完后，迈克的那些员工们都不再说话了。

韩蕾蕾之所以能"鲤鱼跳龙门"，被上司直接提拔，并不是能言善辩，会拍上司马屁，而是她能不断地学习、充实自己。毕竟，现代企业，最排斥的就是工作效率低下的人。

总之，我们可以看出，很多拖延者的心理——"我不需要那么优秀"只是一种自我安慰，或是为了不想让自己那么辛苦而找出的借口，这样，一旦他们行动拖延时，就不必自责，正是这样一种消极心理，导致了他们长期行为的拖延。为此，我们在工作过程中，有必要改正这一心理，努力调整自我。

戒掉懒惰，你就成功了一大半

懒惰和拖延常常是相伴而生，两者经常会把你的生活搞成一团乱麻、毫无头绪。战胜拖延本身就是一场持久战，要去战胜久经岁月而沉淀下来的一种很不好的习惯，并非是一朝一夕能够做到的。所以，在战胜拖延之前一定要做好心理准备，不能因为在短期内看不到效果就放弃。

有一只青蛙，它住在路边。有一天，它又开始了每天必须要进行的工作，在大路上晒太阳。突然，它听到有同伴在叫它："嘿，老兄，老兄，你听到我的话了吗？"

它懒洋洋地睁开自己的眼睛，才发现喊它的是住在田地里的青蛙，它正在手舞足蹈地和自己打招呼，嘴里说着："你在那里睡觉实在是太危险了，搬过来和我一起住吧！这里不仅凉快，每天都有虫子吃，不用担心温饱问题，而且这里特别安全。"住在田里的青蛙非常热情地邀请路边的青蛙。

可是，住在路边的青蛙却表现出一副很不耐烦的态度，它非常讨厌别人对它的生活指指点点，尽管它知道别人是为它着想，可是内心里还是不喜欢。它就和对方说："我在这里已经习惯了，懒得搬过来搬过去，太麻烦了，这里也很安全，而且也有虫子吃，没有必要非搬到田里去。"

住在田里的青蛙摇了摇头，无可奈何地走了。几天之后，住在田里的青蛙放心不下住在路边的青蛙，决定到路上去看看它，不幸的是，它发现住在路边的青蛙已经被车轧死了。

很多人看到这个寓言故事之后，首先想到的就是自己，如果自己再这样懒惰下去，是不是也会和住在路边的青蛙一样难逃厄运呢？大多数人都感觉自己已经习惯了，突然间改变自己会很难适应，而且在短期内就取得成效也是很不现实的。但是一想到自己因为懒惰而引起的种种麻烦和后果，就感觉十分苦恼，于是就下定决心去改掉懒惰的毛病。

拖延看起来和懒惰没有什么关系，但其实拖延的产生和懒惰是有一定关系的。戒掉了懒惰，你就成功了一大半。

拖延和懒惰互为帮凶，是不能按时完成工作的两大杀手。懒惰的人其实心里形成了一种惯性，他们喜欢做事情"得过且过""做一天和尚敲一天钟"，对于自己的工作不会有"今天的工作一定要有新的突破"这种要求，这是一种典型的"混一天是一天"的心态。

由此可见，懒惰就像是一场风暴，是我们常说的隐形瘟疫，其后果很严重。我们可以自欺欺人地认为自己在偷懒，享受着偷懒之后的愉悦心情，但是事实上我们受到的伤害是任何人都无法代替的。

懒惰之人往往人际关系并不如表面上那么好，这就像是明明自己犯的错误，却要别人替你承担错误一样。办公室里经常进行轮流值日，到了该自己值日的时候，却因为懒惰的缘故不去做，最终同事看不下去了，帮你做了这件事。你事后装作恍然大悟终于记起了这件事，然后就向别人表示"真是太感谢了，下次该你值日的时候我做就行了"，但是事实上等到了第二次值日的时候你会继续装聋作哑，久而久之，也就没有人愿意帮你做这件事了。现在我们所处的社会比较讲究效率，每个人都在努力前行，而你的懒惰只会拖延你成功的脚步，长久下去，愿意和你同行的人就会变得越来越少。

为拖延找借口，永远都有你的理由

人生在世，每个人都必须具备责任感，这不仅是对他人负责，也是对自己负责。而借口与托词，则是责任的天敌。然而，在我们的生活中，总是在为自己的拖延行为找借口的人到处都是。当他们接收到任务以后，并不是立即、主动地处理，而是不断地拖延，并为自己的拖延找借口，致使工作无绩效、业务荒废。可想而知，这样的人怎么可能有工作和事业上的突破？

生活中，无所不在的借口，像空气一样弥漫在我们周围。借口变成了拖延的一面挡箭牌，事情一旦没完成，就能找出一些冠冕堂皇的借口，以换得他人的理解和原谅。找到借口的好处是能把自己的懒惰掩盖，心理上得到暂时的平衡。长此以往，因为有各种各样的借口可找，人就会疏于努力，不再想方设法争取成功，而把大量的时间和精力放在如何寻找一个合适的借口上。

有命令就要去执行，这是我们每个人都应该遵循的做事准则。因为懒惰，你的那些借口能为你带来一时的安逸、些许的心灵慰藉，却会让你付出更昂贵的代价。

李晓成从上学到工作一直生活在当地县城。他毕业后成了当地某机械公司的员工，已经有五年的工作经验。五年来，他一直与单位的同事相处融洽，与领导也相安无事。可是，这天他却失控了，居然与领导拍桌对骂。

其实，对这一点，同事和领导都不觉得意外，因为李晓成对待工作实在太马虎了事了，无论做什么事，都是一拖再拖，经常会耽误其他人的工作。其实，原来的李晓成并不是这样的，他的改变是从一次意外事故后开始的。那天，李晓成上夜班，可能是因为太困了，一不小心，他从架子上摔了下来，幸亏架子不高，腿只是有点轻微的骨折，到现在，李晓成走路也看不出异样来。

然而，从那以后，领导安排李晓成什么事情，他都借口自己的腿不方便，毕竟是因为工作出的意外，领导也不好说什么。

然而，时间久了，领导也对他有意见了。一天，他还是和往常一样，比正常上班时间晚了半个小时来到单位，到了以后，他接到一个电话，主任安排他随兄弟部门的车下乡一趟。于是，原本准备上楼的他就在单位门口等车。可是，一个多小时过去了，却没见到车的影子。于是，他就给主任打电话。谁知道，下乡的车早已经开走了。主任说："那你为什么迟到呢？"

李晓成赶紧来到主任办公室，想当面向他解释清楚。主任却说："今天，你必须得去。要不然就自己坐公共汽车去吧！"说完，又忙自己的事了。李晓成的怒火"腾"地一下蹿得老高。这明摆着就是在惩罚自己，而自己错在哪儿了？"我不去。"他冷冷地说。"嘭"，主任猛地一拳捶在桌上，咬牙切齿地说："今天你去也得去，不去也得去。"李晓成气急了，也砸了一下桌子。

这一瞬间，主任吃惊地望着李晓成，这时，办公室外也已经挤满了来看热闹的人。

从那件事以后，主任好像有意冷落李晓成，他把办公室能处理的事情都交给别人做，这让李晓成寝食难安。最后，李晓成只好辞职，因为这家公司他确实待不下去了。

从这个故事中，可以看出李晓成总是拿曾经因工受伤这一借口拖延工作，因为拖延，他与领导产生了纠葛，最终只得辞职离开。

在做事的过程中，经常找借口的后果就是逐渐养成拖延的坏习惯，初始阶段，也许你会有点自责，但随着拖延次数的增加，你会变得盲目，甚至到最后，你也认为自己做不到的原因正是借口中所说的原因。

很多人羡慕美国西点军校，"保证完成任务"是学员们的标志性话语。"保证完成任务！"绝不是一句简单的口号，它是一名军人对命令的承诺，是勇士对责任的崇敬，是全世界的军人、战士对理想的执着。在西点军校，任何命令都是言必信、行必果的军令状，只有执行，没有任何借口。军人在执行任务时，遇到困难总是想尽办法克服，不惜一切代价坚决完成任务。

没有任何借口和抱怨，职责就是一切行动的准则！处在平凡岗位的人们，或许经常感叹为什么成功的机遇总是不光顾你？为什么领导不愿意让你担当重大事件的处理工作？为什么同事们不信任你？不妨从现在开始反省，你是否有拖延、找借口的习惯？如果有，那就彻底把借口从你人生的字典中永远剔除。我们要从以下三个方面努力：

1. 克服懒惰，选择行动

一个人之所以懒惰，并不是能力的不足和信心的缺失，而是在平时养成了轻视工作、马虎拖延的习惯，以及对工作敷衍塞责的态度。要想克服懒惰，必须改变态度，以诚实的态度，负责、敬业的精神，积极、扎实而努力地做好工作。

2. 端正态度，直面责任

"积极高昂的态度能使你集中精力完成自己想要完成的工作。"在工作中，应始终保持积极心态，在任何时候，工作和责任始终捆绑在一起，工作越好，责任越大，没有工作也就无所谓责任，要敢于负责。

3. 没有借口，立即行动

工作的最终目的就是把工作做好，实现最大的效益。任何的借口和拖延都将成为工作的敌人。工作的选择、工作的态度、工作的热情都建立在立即工作和立即行动上，只有行动才会让这一切变成现实。

戒除自欺欺人的宽容，将拖延连根拔除

也许你也是一名拖延者，和所有的拖延者一样，你的内心其实也意识到了自己的拖延行为，也希望自己可以戒除这一行为习惯，然而，每

次当你满怀希望地认为自己可以努力做到立即实施时，你还是被自己打败了，然后不断地拖延、陷入拖延心理的怪圈。难道拖延对我们的诱惑真的就那么大吗？到底是什么让我们在不断地拖延呢？

拖延行为的产生是多种因素共同作用的结果，并非先天形成，而是后天所致，外在的因素，尤其是他人对我们的影响很大；然而，单单外在的因素是不能直接对我们产生作用的，还需要内因的共同影响，所以，不要再把所有的责任归结到他人身上，最根本的原因在于你自己。

那么，产生拖延行为的根源到底是什么呢？

我们知道，拖延怪圈就像一个恶性循环一样，在这一循环的过程中，我们看到的是，我们的拖延行为一次次被原谅、一次次被宽容，然后还是继续一次次地拖延，宽容我们的对象，可能是我们自身，也有可能是他人，无论是谁，我们总是走不出这样的怪圈。

小张毕业以后一直在一家网络公司工作，平时的工作并不是很多，老板人很好，对员工一直和蔼可亲，从不骂人，即便员工做错了。

小张在这家公司已经工作四年了，他从没有想过跳槽的事，但最近，他的几个兄弟换了新单位，工资翻了一番，他心里痒痒，想问问他们是怎么做到的。于是，一个周末，小张请他几个兄弟一起吃饭，吃饭期间，小张问他们是如何做到换工作后工资翻倍的。

其中一个人说："哪一行都累啊，我们现在不比从前，虽然工资高，但也不轻松，以前工作还能偷偷懒，拖延一下，现在可不行，感觉随时都有人在催着我们做事，老板就像个剥削者一样，总是在压榨我们。"

"说的也是。不过话说回来，虽然我们老板很好。但在现在这家公司，我确实感觉到自己越来越懒惰，无论什么事，总是一拖再拖，我一直在寻找自己拖延的原因，但就是找不到。"小张说，"每次老板交代给我一件事，我觉得时间多着呢，不必着急，到老板催的时候我再开始也不晚，反正每次即使他催工作，我再晚几天他也不会说什么。还有，我发现，当我把工作成果交给他的时候，他还是照样把它放置到一边，过了好几天才会看。"

"你们老板也是个拖延者。"另外一个人说。

"是的，我觉得他也不会责备我，要知道，就这么一点儿薪水，他要再请员工，是没有人愿意被聘用的，所以可能是因为老板对我的宽容让我不断拖延吧。"

从这段对话中，可以判断出来，小张之所以不断地拖延，是因为他不断地被宽容。的确，无论宽容我们的是我们自己，还是他人，只要有宽容的存在，我们就找到了拖延的理由。我们再对这一问题进行分析。

宽容其实也分很多种。首先是对自己的宽容，同时表现在替自己找借口，为自己辩解。一旦我们的工作拖延了、我们迟迟未着手做某件事，我们总是能为自己找到各种各样的借口，尽管这些并不是真的原因。我们找借口只是为了宽容自己，让自己不受到内心的责备。

比如，我们经常会在内心告诉自己："今天天气太冷了，去和客户谈生意，客户肯定心情也不好，所以我没去。""女朋友昨天对我提出分手了，我的心情实在太糟糕了，我根本没有心情工作，这不怪我。""晚上的汤实在太难喝，我到现在胃里还不舒服，实在无心加班。"我们似乎总是在等待一个绝佳的做事时机，然而，这样的时机存在吗？随时都有可能出现让我们情绪不佳的情况，难道我们就不需要工作了吗？

另外，即便我们心情不好、天气糟糕，我们还是可以坚持工作，因为我们的身体和大脑即使在这样的情况下还是能正常运行。当然，如果你一味地找借口原谅自己，那你只能浪费时间。可见，借口和自我辩解都只是为了让自己的内心好过一点儿，不让自己有过多的负罪感。

宽容的另一个方面是来自他人的宽容。为了减少负罪感，我们会宽容自己，我们告诫自己，下次我一定会努力工作，但下一次你真的做得到吗？也许你确实下了狠心，但你发现没，你的上司或老板似乎对这件事也不是太在意，当你告诉他因为一些原因还未完成工作时，他告诉你："没事，再给你几天时间，慢慢来。"此时的你怎么想，是不是认为既然老板都不着急，我何必着急？很明显，老板的宽容更纵容了你的拖延行为。

除了自身的宽容外，他人的宽容也是我们产生拖延行为和习惯的又一大催化剂，我们常会这样认为：我只是一名员工，老板都不在意我是否如期完成，我又何必在意！于是，你更加肆无忌惮。

还有一种情况，就如故事中小张的领导一样，上司可能也是个拖延者，他们也没有紧急意识，认为今天完成和明天甚至是后天并无分别，于是，我们也会"追随"他，认为何时完成工作无所谓。时间久了，你的拖延习惯形成后，也就陷入了拖延心理的怪圈。

宽容还有一种表现方式是自欺欺人和鼓励。当你再一次拖延后，你对自己说："这次虽然我没按时完成工作，但下次我一定努力及早开始，然后准时完成……"所谓的"下一次"只不过是自欺欺人而已，当你陷入了拖延的泥潭中，再想改善现状真的那么简单吗？我们还是在宽容自己，然后把希望放到下一次。当然，你已经认识到了自己的拖延行为，既然如此，为什么不努力改变呢？

如何改变是我们真正需要关心的内容，这需要我们从改变自己的意识开始，也许你认为作为一名员工，上司是你的行为榜样，他宽容你，你就不必在意自己的拖延，但工作只是我们人生的一部分，如果把工作中的拖延行为带到生活、带入我们人生的各个方面，那么，我们永远都会比别人慢一拍，我们的热情、梦想都会丢下我们，这样的人生真的是你想要的吗？从这一点考虑，我们都有必要戒除那些自欺欺人的宽容，将拖延习惯连根拔除。

戒除拖延，最有效的方法是立刻行动

我们每个人思考一下，在工作中是否有这样的习惯——本来这个事情应该今天做，但自己打开电脑，正准备做的时候，忽然内心另一个声音告诉自己，今天这么累了，明天做吧，结果，你就听从了这个声音，关了电脑，去开始自己休闲的生活。生活中很多这样的时候，也有许多重要的事情，不是没有想到，而是没有立刻去做。我们总是找各种借口和理由，去拖延、去逃避责任。我们总是想着："有空再做、明天做、以后做""再等一会儿""再研究（商量）一下"，都是在为拖延找借口。但我们真正要解决问题，只有一个方法——马上行动，一分钟也不要推迟。

有时候即使只是推迟一分钟，也许好事就会变成坏事。实际上，职场中，每个人都有拖延的坏习惯，只是拖延程度大小不同而已。但是，优秀员工会将这种冲动扼杀在摇篮里，他们时刻提醒自己"绝不拖延，立即行动"。

可见，一个工作效率高的人，其秘诀就是该解决的问题立即解决，绝不拖延一分钟。面对日趋增多的工作，你都不知道从哪里下手，最终的结果会更为严重。

因此，我们必须记住，在工作中，每一分钟都非常重要。拖延时间，只会使我们在"现在"这个时期更加懦弱，并期待于幻想。也就是说，我们总是想着事情能往好的方向发展，但始终都不能取得成功。而且，有拖延心理的人心情总是不愉快，总觉得疲乏，因为应做而未做的事总是给他压迫感，拖延一分钟，并不能节省时间和精力；相反，它会使你心力交瘁，甚至失去工作机会。

孙浩是一家知名广告公司的文案策划，他的策划文案总是很有创意，这让老板对他格外器重。一次，老板将新签约的一家大客户的广告策划案交给他来完成，并告诉他最迟在月底完成。孙浩接过任务，心想还有半个月时间，不用着急，他有充分的自信可以在规定时间之内完成。

于是，他天天不急不慌地浏览网页、看看报纸、聊聊天，想着等到最后几天开始做一样可以完成，不必这么着急。

当孙浩玩得差不多了，准备开始工作时，却被老板叫去参加一个广告学习研讨会，耽误了整整一天的时间。他还是不着急，想着，那就第二天再开始做吧。

可是他没想到，第二天公司电脑集体中了病毒，全部拿去电脑公司维修，又耽误了一天。没办法，孙浩找借口，跟老板多要了一天，下班后自己再回家"赶夜车"，匆匆写了一份策划方案交了上去。

由于策划方案写得仓促，几乎没有什么新意，客户又催得急，连修改的时间都没有了。最后导致客户不太满意策划方案，公司为此赔偿了客户很多钱。虽然孙浩很有创意，但是讲究原则、办事严谨的老板，还是将他辞退了。

员工一定要独立，一定要在规定期限内完成工作，绝不能有拖拖拉拉的情况。优秀的员工不仅能守时，而且他们深知，在所有老板的心目中，最佳的开始时间是现在，最理想的任务完成日期是今天。

美孚石油公司的创意人约翰·丹尼斯先生曾说："拖延时间常常是少数员工逃避现实、自欺欺人的表现。然而，无论我们是否在拖延时间，我们的工作都必须由我们自己去完成。通过暂时逃避现实，从暂时的遗忘中获得片刻的轻松，这并不是根本的解决之道。要知道，因为拖延或者其他因素而导致工作业绩下滑的员工，就是公司裁员的对象。"

但是，现实工作中就是有着那么一群规避责任的人，他们总是消极地对待，做事拖沓，效率很低，也不愿意参与竞争。

小李是某咨询公司经理，同时兼任很多家公司的顾问，一次，他与某大型企业高级经理一起研究企业组织结构再造的问题。在立项初期，该公司各项准备工作都做得不错：识别、确定关键问题；确立目标，形成策略，起草计划，一步一步都做得很好，小李看到他们的方案后也很满意，于是他放心地离开了该公司。

但是令人失望的是，六个月后当小李再回到那个企业，想看看有什么变化，他们的方案能否解决问题时，小李看到的还是以前的面貌。从总裁到工人，没有一个人按计划行事，问及原因，经理们解释说"太忙，其他事情插上来了"，或是说"与其他人接触不上"，还有的说"碰上了麻烦，计划搁置了"。小李不禁摇头苦笑，对经理们说："其实，这些都不是原因，真正的原因是你们的工作惰性。如果你们抓紧时间，立项之后立即付诸行动，相信绝不会是现在这样的状况。"

一家大公司竟然如此，可见不能将责任落实有多么大的危害。或许产生这种现象的原因，与企业管理方式有关，除去这个原因，放在个人层面上，其实就是拖延惹的祸，换句话说，就是拖延捆住了员工的手脚。因此，每个员工要在责任的落实过程中保持高效率，不要拖延，这样才能为公司创造业绩，同时也是自己成功的基础。

阿辉、阿城是大学室友，他们两个同时被一家公司聘为产品工艺设计员。起初，公司给他们的月薪是很低的。

阿辉对低薪水感到愤愤不平。为此，他经常抱怨、推卸责任，还在工作时间和同事聊天，根本没有把工作的事情放在心上。

渐渐地，他养成了拖拉的坏习惯，办事效率极为低下。要他星期一早上交的方案，到星期二早上依然未做完，经理批评他，他带着情绪工作，把方案做得一塌糊涂。再后来，阿辉根本没想着怎么把工作做好，而是一味地推卸责任。

阿城则不同。他虽然对低薪也感到不满，但他并未一味地去抱怨、闹情绪。他坚信，机会来自汗水，一分耕耘、一分收获，只有今天的努力，才能换来明天的收获；机会随时都在你身边；主动负责，实际上就是主动抓住机会。他下车间，熟悉工作流程，他的勤奋努力引起了厂长的注意，不久，阿城就被提拔为厂长助理，而阿辉因为对工作总是一拖再拖，最后被公司解雇了。

担任厂长助理一职后，阿城并没有因此而止步不前，依然是兢兢业业地做好自己分内的工作，他总是能在第一时间完成自己的工作；一些重要的、紧急的、需要决策的事情，他会及时向厂长汇报，并督促各部门坚持及时把工作做好、做到位。在阿城的组织管理和协调下，公司的生产效率得到了极大的提高。

一个拖延，一个高效，导致两个人结局不同。社会心理学家库尔特·卢因曾经提出这样一个概念，叫作"力量分析"。他描述了阻力和动力两种力量。他说，有些人一生就是因为拖延的坏习惯束缚住了前进的手脚；有的人则是一路踩着油门呼啸前进，比如始终保持积极的心态和勇于负责的精神。可以说，他的这一分析同样适用于工作。如果你希望自己在职场中能更好地生存和发展，你就应该把你的脚从"刹车板"——拖延上挪开，在规定的时间内把应该做的工作尽心尽力去做好。

放弃勤奋，天才也会沦为傻瓜

发明家爱迪生说："天才，就是百分之一的灵感加上百分之九十九的汗水。"无论你拥有怎样的天资，唯有勤奋才能让你收获成功。勤奋就是坚持不懈地努力，而所有的赞誉和掌声只是这种努力后带来的结果。所以，当我们羡慕别人能够享受高品质的生活时，当我们为这个世界的不公而心生抱怨时，不如扪心自问：你是否是一个懒惰的人，是否做什么事情都一天拖一天，你真的足够勤奋吗？

拖延是一个很神奇的东西，它能够卸掉你身上一切积极的配件。当你想开足马力，勇往直前时，拖延会在内心告诉你：这么多事情，今天怎么能做得完，明天再做吧，从明天开始也不晚。当你听从拖延的建议，你将会发现，你离勤奋越来越远，离成功更加遥不可及。

当被问及成功的主要原因时，比尔·盖茨回答说："工作勤奋，我对自己要求很苛刻。"无独有偶，NBA 的传奇巨星科比在谈及自己成功的秘诀时也曾说道："我知道每天凌晨四点时洛杉矶的样子。"

天道酬勤，一个人的成功总是源于他的勤奋。一分耕耘，才能有一分收获，在通往成功的道路上，无不浸染着勤奋拼搏的血汗与泪水。我们只有奋发图强、坚持不懈、永不气馁，才能成功地实现自己的人生价值，才能得到幸福而激扬愉悦的人生。

菲尔普斯是当今泳坛的一段传奇，被誉为"永远不老的飞鱼"。他有着比 1.93 米身高还长很多的超长臂展，肺活量是一般人的两倍。很多人都认为，他之所以能够在泳池里创造出一个又一个奇迹，都是得益于万里挑一的身体天赋。殊不知，那些被掩盖在金牌背后外人无法看到的付出、十几年如一日的辛勤汗水，才是真正激发他潜能极限的力量。

菲尔普斯说，只有天赋，你永远无法赢得那些奖牌。他从 11 岁起就以夺取奥运会金牌为目标，开始极其艰苦的训练，正常孩子的娱乐活动从此与他远离。他每天都会在早晨 5 时 30 分左右起床去训练，即使圣诞节也不例外；训练严格时，他每周在水里至少要游 100 千米。

没有这种坚持不懈的奋斗，没有这些超出常人的付出，就不会有世界纪录被一次次打破的精彩，他就不会成为泳池奇迹的缔造者。

　　菲尔普斯用自己的实际行动证明了，成功不只取决于天赋，更重要的在于你是否愿意为了 1% 的可能付出 99% 的汗水。很多人虽然天赋不错、家境优越，但却疏于勤奋，不肯付出努力，总是在各种不切实际的幻想中度日，最终只能是两手空空、一无所获。

　　中国著名作家冰心的《繁星》里有这样一句话："成功的花，人们只惊慕她现时的明艳！然而当初她的芽儿，浸透了奋斗的泪泉，洒遍了牺牲的血雨。"每一位成功者的成长历程，所堆积的乃是超越常人的辛勤的付出。人生想达到一定高度，就必须不断攀登，哪怕疲惫不堪，哪怕伤痕累累，也要一步步向上爬，唯有如此才能登上人生的顶峰。所以，机遇和荣誉总是垂青勤奋者，我们要有一颗充满激情的进取心，以自己的理想为目标，发愤图强，矢志不移，我们就能达到成功的彼岸。

　　斯蒂芬·金是世界著名的恐怖小说作家，他成长的经历十分坎坷，最潦倒时连电话费都交不起。但他凭着自己的努力，终于成为享誉全球的文学大师。谈起他成功的秘诀，只有两个字：勤奋。

　　每天天亮时，他就会伏在打字机前，开始一天的写作。一年 365 天，他几乎都是在文学创作中度过的。他允许自己休息的时间只有三天：生日、圣诞节和独立日。

　　勤奋给他带来了永不枯竭的灵感。其他作家在没有灵感时就会去做别的事，让自己的心情得到放松。但他在没有什么可写的情况下，仍然坚持每天写五千字，以此来保持创作的状态。

　　有人说，阳光每天的第一个亲吻，肯定是先落在勤奋者的脸颊上。而斯蒂芬·金无疑就是这个幸运的人。

　　人生路遥，步履维艰。只要我们远离拖延，以勤奋为准则，以不断进取为动力，永不停下向前的脚步，永不放弃自己的理想，即便生活中充满了荆棘与坎坷，我们也一定能拥抱成功的希望与辉煌。

德国政治家威廉·李卜克内西说："才能的火花，常常在勤奋的磨石上迸发。"勤奋是走向成功的唯一途径，没有勤奋，天才也会变成傻瓜。世界上从来没有不劳而获的美好，拖延从来不会带给人成功。我们只有通过勤劳的付出，才能获得丰硕的成果。

第七章
良好习惯：用自控力为精彩的人生加冕

　　一个人的自控力总是需要先从良好的习惯开始培养，没有一个好习惯，自控力也就无从谈起。我们每天都会面临各种各样的事情，在完成一件事情时，我们都会有惰性思想，总是想下一刻再做。这时候，我们就要培养良好的习惯，告诉自己现在先做好一件小事，先一点点培养良好的习惯。当每天这么进步一点点、勤奋一点点，慢慢地，就会形成良好的习惯。当拥有了良好的习惯时，你会发现，自身的自控力也加强了。以后想要自己完成事情时，都能靠自控力完成。

培养良好的习惯，从最容易的事做起

一个好习惯的养成不是一朝一夕的事情，而是一个反复演习、潜移默化、日积月累的过程。当你自控力不够强大时，若要培养良好的习惯，最好的办法就是从最容易的事情开始做起。这样的话，当你做出了一些微不足道的行动后，渐渐地，你的自信心、自控感和胜任感就会不断加强，你就能做出更大的行动了。

实践是获得自控力最根本的途径，也只有依靠惯性和反复的自控训练，我们的神经才有可能得到完全的控制。从反复努力和反复训练意志的角度而言，自控力的培养在很大程度上就是一种习惯的形成。

美国作家杰克·霍吉在《习惯的力量》中讲述了自己从一个大懒虫变成一个长跑爱好者的过程：

"我是一位长跑爱好者，每天早上我都会进行五千米慢跑。不论严寒酷暑，刮风下雨，我的晨跑总是坚持着。其实开始时，情况并不如此。我曾经十分厌恶早起，每天早晨我都赖在被窝儿里为早起作着激烈的思想斗争。我总是使出吃奶的劲头，才勉强把自己从被窝儿里拽出来。真的，你也许会有同感，早上在床上的每一分钟都是如此让人珍惜，很多次我都迷迷糊糊地打上几个盹儿。我同样不喜欢跑步，尤其是长跑，我觉得它既艰苦又乏味，还会让人腰酸背痛。因此，一大早起床跑步，对我来说无异于天方夜谭。那么，我，这个最不可能坚持下去的懒虫，究竟是如何转变成今天的长跑爱好者的呢？

"答案还是要追溯到我的祖父那番改变了我一生的教诲。祖父告诉我说，为了成为一位'行动者'，一定要做到自控。否则，将永远不能发挥出自己最大的潜力。

"祖父引用他最喜欢的名人马克·吐温的一句话，来解释如何做到克己自控：'关键在于每天去做一点自己心里并不愿意做的事情，这样，你便不会为那些真正需要你完成的义务而感到痛苦，这就是养成自觉习惯的黄金定律。'祖父把这叫作'磨炼法则'，并鼓励我说，只要我能够坚持一个月，我一定能把自己改造成行动者。我听从了祖父的建议，并选定了晨跑这件对身体有好处，但对我来说是那么艰苦的差事，开始亲身实践祖父的'磨炼法则'。

"这可真是名副其实的苦差事呀！虽然我知道长跑益处多多，但我仍然讨厌它。我的身体状况很差劲，从家门口到三十几米开外的信箱，往返一趟就让我气喘吁吁了。我确实是需要某种有助于提高心肺功能的运动，可我一定不会选择长跑。于是，长跑便成了一件不折不扣的、我每天都必须做的不感兴趣的事情。

"我很长时间没有什么转变，只能得到腰酸背痛的奖励，我跑不了几步便气喘吁吁。我不由得为自己克己自控的目标感到渺茫。但唯一让我牢记心中的是，我必须强迫自己坚持一个月！我做到了，一些意想不到的事情也就开始发生了。

"跑步逐渐变得轻松起来，起床也变得不再那么艰难了，跑步这份苦差事似乎不再那么恐怖了，尽管早起仍然有点儿困难，但似乎可以克服。一切都变得越来越容易，越来越自然，直到我竟然不自觉地渴望晨跑！

"每天的晨跑成了自然而然的习惯，成了我日常生活的一部分，我也不用强迫自己了。这时，我才开始真正感觉到，原来清晨长跑是一种享受。"

可以像杰克·霍吉那样选择一种苦差事帮助自己培养高度的自控力。苦差事并不仅仅限于跑步，你可以选择游泳、跳舞、骑车、瑜伽等有氧体育运动，也可以坚持阅读、写作、绘画、刺绣等相对安静的活动。

人的自控力是从学习、工作、生活中千千万万件小事中培养和锻炼起来的。对做任何小事，注意训练意志力，会使人变得更加坚强。不要以为培养好习惯一定要有特殊的条件和不平常的际遇。许多微不足道的小事，都会影响一个人习惯的形成。比如早晨是按时起床，还是在被窝儿里再磨蹭一会儿，对自己的自控力就是一个小小的考验。积小成大，如果我们能在诸如此类的小事上也不放过对自控力的锻炼，一旦遇到大事，我们就能表现出坚强的自控力来。

从习惯上找原因，清醒地认识自己

传说很久以前，有一位年轻人听说遥远的地方有块"不老石"，于是他长途跋涉，历尽千辛万苦，终于来到了海边。为了把检查过的石头和未检查的石头区分开，他把检查过的，不是"不老石"的那些石头都扔进了大海。日复一日，年复一年，他已经变成了白发苍苍的老人，可他仍在重复着同样的事：捡起一块石头，看一眼又扔掉。终于有一天，当他发现了传说中的"不老石"时，他的手已经不听使唤了，他习惯性地把"不老石"也扔进了大海里。

这个故事告诉我们一个道理：习惯会麻痹人的神经，使人看不清事情的真相，而当人们回过神来时，本来唾手可得的成功却因为自己的视而不见而与自己擦身而过。

一位动物心理学家曾做过一个著名的实验——跳蚤实验，这个实验足以证明习惯的力量。我们都知道，跳蚤可是动物界的跳高冠军，它纵身一跳的高度可以达到自己身高的400倍以上，所以要想抓住它可不是一件容易的事。

实验者将一只跳蚤放进一个容器里，容器的高度刚好是跳蚤能够达到的高度。为了不让跳蚤跑出来，实验者在上面放了一块玻璃挡着。

第一天，跳蚤非常活跃，一次又一次地撞击着玻璃，十足的不达目的不罢休的架势，不过，无论它如何努力，始终无法突破玻璃的阻碍。不过，它并没有放弃，休息一会儿后，它又向玻璃发起猛烈的攻击。

几天后，实验者观察到跳蚤明显不如前几天活跃，看起来似乎有些懒惰和气馁了。又过了一段时间，实验者发现，跳蚤已经放弃了努力，整天得过且过地待在容器底部。这时实验者将玻璃抽掉，原以为跳蚤会一跃而出，可让人出乎意料的是，跳蚤浑然不觉，也未见有任何行动，看来，它已经习惯了这样的生活。

接着，实验者将另一只跳蚤放进一个容器里，容器的高度略高过跳蚤的跳跃高度，这次上面没加玻璃盖子。实验者观察到跳蚤每天都会乐此不疲地往上跳，虽然跳不出去，但它仍把这当作每天的必修课。

跳蚤还能跳出这个高度吗？实验者对这个问题又有了兴趣。于是，他拿着一盏化学实验用的酒精灯在容器下燃烧加热。不一会儿，跳蚤就热得受不了，于是奋力一跳，一下就跳出了容器，又恢复了往日"跳高冠军"的风采。

可见，习惯虽小，却影响深远。动物如此，何况人呢？很多时候，我们就像跳蚤一样，刚开始总是自信满满，全力以赴，可是在连续地遭遇碰壁后，会逐渐放弃努力，变得越来越懒惰和安于现状。

很多时候，成功并不是那么遥不可及，它或许只是隔着一层"玻璃板"，或者只是需要一块垫脚石，抑或是一种外在的激励，就可以实现。可就当成功已经唾手可得时，人们已经不愿意再付出努力，因为他们认定再怎么努力都是徒劳，他们已经给自己加上了各种限制，这才是导致失败的真正原因。

所以，当我们抱怨自己怀才不遇时，不妨想想，到底是家人、领导、社会和体制在牵绊、阻碍着自己走向成功，还是自己不愿意改变或者改变不了某些习惯，比如说个性上过于自以为是、清高孤傲；办事时拖拖拉拉、效率太低；抑或是为人处世固执保守、不够圆润……

有一句俗话说得好："贫穷是一种习惯，富有也是一种习惯；失败是一种习惯，成功也是一种习惯。"人的贫穷富贵和成功与否都与习惯有着莫大的关系。如果你不想再忍受一贫如洗的生活，那么，就要试着改变一下你的思维和行为习惯；如果你不甘于失败，那么首先就要找到导致你失败的因素，并加以改正。总之，多从自己的习惯上寻找原因，才能充分地认识到自己的优缺点，在生活和工作中扬长避短，才会尽早实现成功的愿望。

掌控了习惯，就掌控了自己的命运

人，是一种习惯性的动物，不管我们愿不愿意，习惯总是无孔不入地渗透于我们生活的方方面面。调查表明，一个人每天的行为当中，约有95%属于习惯性的，而剩下的5%是属于非习惯性的。同一个动作，如果重复三个星期，就会变成习惯性的动作；如果重复三个月，就会形成稳定的习惯。

那么，习惯与性格有什么关系呢？心理学是这样定义性格的：性格是在生活过程中形成的对现实的稳定态度以及与之相适应的习惯化的行为方式。从这个定义来看，人的性格与人的行为习惯是紧密相关的，所以才有"习惯决定性格"的说法。

每个人刚生下来时，个性和天赋是差不多的，差别就在于后天环境的影响。不同的生活环境，使人形成了不同的习惯，也造就了不同个性的人。所以，孔子说："性相近，习相远也。"

英国著名作家查·艾霍尔曾说过这样一句话："有什么样的思想，就有什么样的行为；有什么样的行为，就有什么样的习惯；有什么样的习惯，就有什么样的性格；有什么样的性格，就有什么样的命运。"可见，一个人习惯的好坏，不仅影响一个人的性格，从长远来讲，还会影响一个人能否成功。

很多时候，成功与失败仅一线之隔，横亘在中间的很可能只是一个细小的却往往被人忽视的个人习惯。

日本一家食品公司准备招聘一名卫生检测员。一位衣冠楚楚、气度不凡的年轻人走进了总经理办公室。他谈吐优雅、举止大方、专业知识也很扎实，因此赢得了总经理的好感。没想到，就在年轻人转身离开时，总经理发现这名年轻人无意识地抠了一下鼻孔。于是他将年轻人从面试名单中划去了。年轻人没想到正是这个看似不起眼的小动作，将唾手可得的工作岗位让给了别人。在这位总经理看来，一个没有良好卫生习惯的人如何能做好卫生检测员呢？

所以不要忽略任何一个微小的不良习惯，说不定哪天，它会在关键时刻成为你成功的绊脚石。纵观古今中外，许多伟大的人物能够取得成功都是与他们良好的习惯分不开的，这些良好的习惯或许只是饭前洗手、做错事要道歉这样的小事，但这却足以让他们受益终生。

在1988年世界诺贝尔奖得主在巴黎举办的聚会上，有一名记者问一位诺贝尔奖得主："您在哪所大学、哪个实验室学到了您认为是最重要的东西呢？"这位白发苍苍的学者回答道："幼儿园。"

"在幼儿园能学到什么东西呢？"记者不解地问。

"把自己的东西分一半给小伙伴们，不是自己的东西不要，东西放整齐，吃饭前要洗手，做错事要表示道歉，午饭后安安静静地休息，要观察周围的大自然……"

著名教育家叶圣陶先生也十分重视培养良好的个人习惯，他认为："好习惯养成了，一辈子受用；坏习惯养成了，一辈子吃它的亏，想改也不容易。"那么，我们该如何培养好的习惯和性格呢？

其实，习惯和性格的养成归根结底还是自控力的问题。不管你采取什么样的办法，首先要提高自我控制的能力，知道哪些行为是好的，哪些是不好的；哪些可以做，哪些则坚决要制止。

我们在纠正坏习惯的同时，也是在建立一个好习惯，而在建立好习惯之初是比较痛苦的。比如说，你知道吸烟有害健康，想把烟戒掉。可真要做起来，就会比较难，烟瘾会不时地提醒你把手伸进口袋，找打火机。如何才能战胜烟瘾呢？靠自控力。如果你控制住自己不去想吸烟的事，不让所有与烟有关的东西出现在你的视线里，或者干脆扔掉，想办法将注意力转移到别的地方；实在不行，你也可以找一些替代品，如口香糖等。坚持一段时间后，你会发现改掉吸烟的坏毛病并不像想象中那么难。

所以，要培养好的习惯和性格，就要注意增强自我控制的能力，一个能够控制住自己的人，才能真正地掌握自己的命运。

改正坏习惯，提高工作效率与执行力

阻碍一个人执行力的往往是很多坏习惯：早晨赖床的习惯会让一个人上班迟到；爱找借口的习惯会让工作拖到最后；不珍惜时间的习惯会让人工作效率低下……总之，那些坏习惯会毁了一个人的工作效率与执行力。

在工作中，有四种坏习惯最可怕，它们会让一个人对时间管理无序，而且加强身上的拖延症。如果你能够加以克服，不仅会使你的工作变得生动有趣，而且还可以提高你的工作效率。四种坏习惯如下所述：

第一种工作上的坏习惯：办公桌上杂乱无章，严重影响解决问题的效率。

你的办公桌上是什么样的情景？是不是杂乱无章堆满了各种信件、报告和备忘录？当你看到自己乱糟糟的桌子时，你是不是会紧张地想：我还有什么工作没有完成，怎么看起来我有这么多没有完成的工作！你是不是会因此而感到焦虑，觉得工作如此繁重，从而对工作产生了厌倦？著名的心理治疗家威廉·桑德尔博士就遇到过这样的病人。

这位病人是芝加哥一家公司的高级主管。他刚到桑德尔博士的诊所时，看上去满脸的焦虑。他告诉桑德尔博士自己的工作压力实在是太大了，每天总有做不完的事情，但是无可奈何的是又不能够辞职。桑德尔博士听完他的一席话之后，指着自己的办公桌说："看看我的桌子，你发现了什么？"这位主管顺着桑德尔博士手指的位置看去回答道："比起我的办公桌，你的实在是太干净了。"桑德尔博士听了他的话微微笑道："是啊，这样干净是因为我总是在第一时间将工作处理完，这样一来我的桌子上就不会有太多的工作啦，你可以试一试我的方法。"

那位主管一脸疑惑地看着桑德尔博士。过了三个月，桑德尔接到了那位主管的电话。在电话里那位主管非常高兴，他对桑德尔博士说他的方法简直太神奇了，现在他看到自己的桌子再也没有像以前那么大的压力了。"现在我的桌子也和你的一样干净了。"就这样桑德尔博士治愈了这个高级主管的焦虑症。

著名诗人波普曾写过这样的话："秩序，乃是天国的第一条法则。"芝加哥和西北铁路公司的董事长罗西·输廉斯说："我把处理桌子上堆积如山的文件称为料理家务。如果你能把办公桌收拾得井井有条，你将会发现工作其实很简单，而这也是提高工作效率的第一步。"

看自己的办公桌，如果文件堆积如山，那就开始清理它吧。

第二种工作上的坏习惯：工作中分不清事情的轻重缓急。

著名企业家亨瑞·杜哈提说，如果一个人同时具备了他心中的两种才能的话，不论开出多少薪水，他都愿意。这两种才能是：第一，善于思考；第二，能够分清事情的轻重缓急，并据此做好工作计划和安排。

查尔斯·鲁克曼在十二年之内，从一个默默无闻的人，一跃成为公司的董事长。他说这都归功于他具有的两种能力。第一，善于思考；第二，能按事情的重要程度安排做事的先后顺序。查尔斯·鲁克曼说："我每天都会在早晨 5 点钟起床，因为此刻正是思维活跃、清晰的时候。在这个时候，我可以就我近期的工作进行一些规划，排出事情的重要程度，以便安排自己的工作。"

第三种工作上的坏习惯：不能果断处理问题，导致问题总是处于悬而未决的状态。

霍华德先生说，在他担任美国钢铁公司董事期间，董事们总要开很长时间的会议。因为，会议期间要讨论很多议题，但是大部分议题却无法达成共识。其结果是，工作效率无法提高，而董事们的工作量却十分繁重，每位董事都要抱上一大堆报表回家继续工作。

针对这种毫无效率的工作方式，霍华德先生向董事会提出了自己的建议：每次开会只讨论一个问题，而且必须做出最后的定论。霍华德说，虽然这个做法也有弊端，但是总比悬而未决、一直拖延来得要好。最终，董事会采纳了他的建议。霍华德先生说，很快，这种方式就体现出了它的优势。他们很快就把那些积累了很长时间的问题解决了，董事们干起活儿来也觉得轻松了许多，不必再把家庭作为自己的第二工作场所了。

不得不说，这确实是一个提高工作效率的好方法，值得你我借鉴。

第四种工作上的坏习惯：喜欢大包大揽，不相信自己的部下或者同事。

很多人都有这种工作习惯，所有事都喜欢亲力亲为。结果，他们总是被那些琐碎的事情纠缠得筋疲力尽，无法享受自己辛苦打拼来的幸福生活。这种现象在很多领域都普遍存在。人们总是不放心其他人，担心那些人会把事情搞砸。于是，他们不得不不厌其烦地处理那些在工作中出现的细微事情。喜欢大包大揽的人，始终处于一种紧张的、焦虑的生活之中。

然而，要试着相信他人，将自己手中的工作分一部分给他人来完成，对于一个责任感太重的人来说也是不容易的。如果一个人没有能力承担你交给他的工作，那必将会影响到你的相关工作，进而损害你的声誉。可是，如果我们要摆脱终日紧张的工作状态，就必须学会分权，学会量才而用。将那些无关大局的琐碎工作交给他人，这样不仅会提高自己的工作效率，还能真正体会到工作的乐趣。试一试吧！

上面列出了在工作中容易养成的四个坏习惯。在告别拖延症、提升执行力时，请检查一下自己在工作中是否正在犯上述的错误。如果有，请马上改正，这样，你就会懂得如何管理时间、如何提高效率、如何加强自己的执行力。

习惯是把双刃剑，关键看你怎么用

任何事情都具有双面性，习惯也不例外。它既有好的一面，也有不好的一面。好习惯使人摆脱平凡，走向卓越；坏习惯则会让人安于现状，一生碌碌无为。

从前有个猎人，他在一次打猎中捡回一只老鹰蛋，到家后把它放在了母鸡正在孵的鸡蛋中。没多久，小鹰和小鸡一起出世了。在母鸡的照顾下，小鹰很开心地和小鸡们生活在一起。

小鹰并不知道自己是一只鹰，它和小鸡们一样学习鸡的各种生存本领。母鸡也不知道它是一只鹰，也按照教育小鸡的方式教育小鹰。所以，这只小鹰一直在按照鸡的习惯生活。

外出觅食时，每当看见有老鹰从头顶盘旋而过，小鹰总是特别羡慕地说："在天空飞翔多好啊，有一天我也要像那样飞起来。"

母鸡听它这么说，每次都要提醒它："别做梦了，你只是一只小鸡。"

其他小鸡也一起附和："你只是一只鸡，你根本不可能飞那么高！"

被提醒多次之后，小鹰终于相信自己不可能飞那么高。小鹰再看到老鹰飞过时，它便主动提醒自己："我是一只小鸡，我不可能飞那么高。"

结果，这只鹰直到死的那一天，也没有飞翔过，即使它拥有翱翔蓝天的翅膀和体格。

自控力：
将不正确的心理活动和行为方式调整过来

我们当中的许多人都像故事中可怜的小鹰一样，虽然具备"飞翔"的能力，经过一番努力可以成为一个卓越的人，可是就因为习惯性地听从他人，又缺乏主见和决断，所以人云亦云，活在别人的观念里，白白浪费了天赋和才能，结果只能是碌碌无为、毫无建树地过完一生。

相反，也有一些人因为具备了某些良好的习惯而一步一步地走向了成功。他们当中有的人珍惜时间，在别人喝茶聊天的时候抓紧时间学习和工作；有的人敢于面对一次次的失败，认为"失败是成功之母"；也有的人没有被无数次的拒绝所打倒，反而更加努力向上……

一位成功的企业家，不到 40 岁就坐拥亿万身家。创业之初，他没有任何背景，完全是白手起家。每当人们好奇地问他是如何做到的时，他总是微笑着说："只是因为我很早就'习惯被拒绝'。"

原来，由于小时候家里穷，他高二便辍学前往深圳打工，费尽周折才在一家饭店找到了一份服务员的工作。小小年纪的他不怕吃苦，对饭店的活儿总是抢着干，光是土豆丝就要切满满的三大盆。一天，一个好心的厨师悄悄地对他说："兄弟，我看你能吃苦，做人也挺机灵，嘴巴也不笨，我感觉你挺适合做销售的。"

于是，他辞职做了销售。那年他刚满 18 岁，年纪轻，又没有任何的销售经验，去公司应聘总是被人拒绝。他没有气馁，心想深圳那么多的工厂和公司，总会有一家公司接纳自己。

经历了无数次的拒绝后，一家卖电池的公司接纳了他，不过底薪很低。他自己买了辆旧自行车，带着两大箱电池就开始大街小巷地上门推销。结果，他还是总被拒绝。

有一次，一个杂货铺老板和别人下棋，下赢了，年轻人适时上前夸奖老板水平高。老板扭过头看他，说："你这小伙子真有意思，我都拒绝你三次了，你还不死心，真有股倔劲儿啊！这样吧，我买你一百板电池（一板四节），如果质量好，以后我还进你的。"于是，年轻人终于做成了第一笔生意，拿到了四十元钱的销售提成。

靠着这股不怕被拒绝的习惯，他很快成了全公司的销售冠军，每个月都有上万元的收入。不过，虽然销售业绩不错，但是电池行业销售数额毕竟有限，于是，有了销售经验的他跳槽到了一家做安全防护产品的大公司。这个行业的客户都是消防、石化、井架、油田等大客户，随便一单都是几百万甚至上千万元，最小的单也有几十万元。

不过，隔行如隔山，虽然在电池行业干得如鱼得水，可是进入新的行业，还要从头做起。

他每天的工作就是打电话，搜索到相关的公司，然后打电话进行推销。这样的推销电话，他每天能打几百个，可成功率甚至达不到万分之一。但正是因为他不放过这万分之一的成功概率，他做成了两单，共一千余万元的销售额让他顺利转正，成为这个外资企业最年轻的销售员。

后来，有了销售网络和一定的资金后，他自己开了一家公司，代理一家安全防护公司的产品，事业开始快速发展起来。

古今中外，大凡能够有所作为的人，身上或多或少都有些可圈可点的习惯在影响着他的人生轨迹。这位年轻的企业家能够成功，也源于他良好的习惯——不怕拒绝。当一个人把拒绝当作习惯时，还有什么能阻止他前进的脚步呢？

莎士比亚说过："不良的习惯会随时阻碍你走向成名、获利和享乐的路上去。"佩利也说过："美德大多存在于良好的习惯中。"可见习惯是一把双刃剑，关键在于我们怎么运用它。现在我们要做的，就是审视自己的思维和言行，纠正那些不良的习惯，培养一些让人受益终身的好习惯。

没有设计时间的习惯，生活将只有穷忙

许多人忙来忙去，最终只是穷忙，他们只知道埋怨自己命运不好，没有一个好家庭、好工作，甚至感到生活真累。可惜他们不知道怎样利用时间、怎样安排和设计时间，这样，又如何能够合理地利用好时间呢？因此，这样的人往往使自己的生活不如意。

"哎！工作又没完成"，"唉哟！我怎么又忘了健身"，"我真后悔，一辈子竟一事无成"，日常生活中我们总能听到这些人的叹息声。真想对他们说："为什么不事先设计好自己的时间呢？"

陈志飞是一个公司的副总，虽然他靠着勤奋一步步爬到副总的位置。但他却有着散漫、对时间没概念的坏习惯。有一天，当陈志飞走进办公室看到桌子上一摞摞报表时，感到非常头疼，但迫于工作，只好静下心来，翻看每一张。看到一半的时候，秘书走进了他的办公室说："副总，一位客商要求见您一面。"他不在意地说："让他先在客厅等一会儿，我马上就过去。"

当他用大约一杯茶的工夫翻阅完这些报表走进客厅时，看到那位客商正在客厅里徘徊。于是他满脸堆笑地对客商说："对不起！我工作太忙，让您久等了。"

客商听到他这句话后，说："如果你实在没有时间，不如我们改天再谈吧！"于是那位客商走出了客厅。

眼看着到手的肥肉，怎么会一下子就失去了呢？陈志飞一时感到迷茫。

第二天，董事长找陈志飞谈话说："公司决定撤你的职，并决定辞退你。因为你不适合本公司的业务要求。"

陈志飞着急地说："怎么回事？我为了公司可没少卖命，怎么你一句话就把一个高级职员给辞了呢？"

董事长见他仍然执迷不悟，气急败坏地吼道："你这笨蛋，你把我一千万的生意给搅黄了，你知道吗？"

陈志飞终于明白了其中的道理，原来是自己的一句话惹恼了客商。他想起了初来这家公司的时候，在公司的员工须知专栏里有这样一段话："时间至关重要，凡是本公司员工一律要遵守时间，任何人不能因故迟到或早退；要按时完成任务；要做好时间安排，哪怕是最小的细节也必须在日程安排中列出来并付诸实施。"

陈志飞并不是很忙，而是没有设计好自己的时间，不仅被上司给辞退了，也给自己带来了痛苦和烦恼。陈志飞的一句话惹恼了客商，可想而知，设计时间是多么重要。

人们总觉得被戴在手腕上的那个小玩意儿控制自己没什么必要，便可以浪费时间，更准确地说就是混时间，到头来生活平平、一事无成。甚至对时间恨得要命，烦得要命。有些人则很会设计自己的时间，他们守时、准时和省时。他们先设计自己的时间计划，然后再行动，这样就不容易使自己在实现目标时浪费时间了，从而尽快地提高实现奋斗目标的效益。

你也许没有意识到，但你一直在这样做，也就是说，你在设计着你的每一分钟或者每一小时，也可能是每一天。当你睁开惺忪的眼睛，首先需要的是看一下墙上的时钟，你要用时间去衡量自己的一切。比如，漱口用 5 分钟，洗脸用 10 分钟，吃早点用 20 分钟，赶往学校用 1 个小时。因为你怕迟到被老师罚站，所以你必须设计好时间。这只是一天中的一小部分。

张伟就是一个不懂得设计时间，对时间没有很精确观念的人。有一次，公司老板告诉张伟第二天早上十点去机场接一位很重要的客户。这位客户和公司有一份大合同，老板千叮咛万嘱咐，一定要准时到，把客户十一点接到公司。张伟向老板打包票，一定不会耽误事。

张伟想着，从家开车去机场一个小时的时间，自己第二天提前一个半小时出发，绝对会比客户更早到达机场。第二天早上，张伟起床哼着歌、吃着早点，慢悠悠地收拾完自己，然后开车去机场接客户。

但张伟刚开车出门十几分钟就傻眼了，通往机场的道路上堵满了车，整个机场的高速路几乎变成了停车场。这下张伟才开始着急，想着早知道这样，再提前一小时出门了。但现在懊悔已经来不及了，唯有在这里漫长地等待，一点点地往前挪着。

等张伟到达机场后，发现已经快十一点了。那位重要客户的航班已经到达一个多小时了。他在出口处四处寻找着客户，想着也许客户还在等他。但张伟等来的是老板的电话，张伟接起电话就听到了老板的怒吼。原来客户等了十几分钟，等不到张伟，就自行打车先回了酒店，接着告诉了老板在机场没有遇到公司接机的人。

张伟和老板解释着堵车的原因，但这些理由都没办法构成他延误接机的借口。最后老板告诉他，他被辞退了。

读完这个故事，你是否觉得设计时间非常重要？所以，不管你多忙，赶快设计自己的时间吧！你可以随心所欲地浪费时间，也可以不去设计时间，但你无法不面对故事中那些不重视设计时间所带来的严重后果。

如果不设计时间，只是盲目地去追求自己的目标，你最终也许会走到拖延的沼泽地，让你终生难以走出令人望而生畏的、没有前途的窘境。

规律的生活习惯，是好心情的基础

每逢夏日，街边"撸串"成为现代人喜欢的休闲方式。几个朋友聚在一起，一边品尝着烤肉啤酒，一边天南海北地聊天，直到凌晨才各自散去。人与人之间相聚小酌固然没错，但不加节制地消费却容易带来一系列健康问题：由于暴饮暴食，或是吃了太多不新鲜的肉类食品和海鲜，第二天就可能出现肠胃不适的症状。而睡眠的严重不足，不仅会影响工作和生活状态，也会造成悲观抑郁、焦躁易怒的情况，甚至会引发心脑血管疾病。

"生物钟"是生物体生命活动的内在规律，调节着机体各项功能的正常运转。好的生活习惯、有规律的作息时间，能够提高人的工作效率和学习成绩，减轻疲劳，预防各种疾病的发生。反之，如果生活不规律，人的身体就会感到疲惫不适，精神就会萎靡不振，在严重损害健康的同时，自然也不会有好的心情。因此，改善我们的心理状态，首先要有好的生活习惯。

保证充足的睡眠。"夜猫子"已经成为现代人的时尚标签。但睡眠不足，对身心健康会造成严重的危害。一般来说晚上 11 点前就应该入睡，最好不要超过 12 点，同时成年人应该保证每天 7～8 个小时的睡眠时间。

饮食要有节制，注意营养搭配。一日三餐是我们每天体力和精力的重要来源。很多白领有不吃早餐的习惯，长此以往不仅会影响肠胃功能，精神状态也会受到影响。要健康饮食，吃得科学，吃得合理，才能增强体质，有效抵制疾病的侵袭。

每天要留一些放松休闲的时间。不管工作有多忙、生活有多累，都要留出一点儿时间来放松自己的身心。规律的生活就应该有张有弛，工作之余，安静地喝杯茶、看本书，或是看一部有趣的电影，去 KTV 唱唱歌，都能起到很好的调节作用，提高我们的生活质量。

美国马里兰大学的专家通过试验发现，唱歌作为一种休闲方式，不仅能释放压力、缓解心情，还能够起到预防疾病的作用。当人放声歌唱的时候，不但可以增加面部肌肉运动，改善颈部、面部血液循环，还能增加人体的肺活量，减慢心肺功能衰退。

科学家将二十名老歌手与不经常唱歌的同龄人进行比较，发现歌手的胸壁肌发达，心肺功能好，而且心率缓慢。还有一项调查显示，每天保持唱歌习惯的人比普通人的寿命平均长十年。

要注意个人卫生和外在形象的整洁。很多人由于工作忙，平时便不注意个人卫生，形象上也不修边幅，甚至距离很远就会让人闻到一股汗臭味。这不仅会影响到个人健康，也会严重影响到人际关系和积极自信的心理状态。所以，我们要保证每天刷牙洗脸，饭前便后要洗手，定期洗澡、洗头和剪指甲，出门时要注意服饰和外在形象干净整洁，这样才能让自己有好的心情。

保证适度的体育运动。没有每日坚持锻炼的生活习惯，就会让人变得越发慵懒，对生活也会产生懈怠和消极的情绪。所以，不管平时多忙，都要抽出一点时间来进行体育运动，以此来调节身心、释放压力、补充能量。

俄罗斯总统普京始终保持着身体强健、精力充沛的生活状态，他的秘诀就是热爱运动，并且能持之以恒。他热爱柔道、滑雪、冰球、游泳、骑马、赛车等项目，尤其在柔道方面造诣极深。他认为，柔道是训练体能和智能的项目，有助于提高人的力量、耐力和反应速度，使训练者学会控制和完善自我、认清对手的长处和短处，以便争取到最佳结果。

普京日常的工作非常繁忙，但他总要抽出一些时间来进行体育锻炼。他在俄罗斯民众中倡导健康的生活方式，希望从事体育锻炼能成为俄罗斯的社会时尚。普京说，健康的生活方式关乎国家和民族的未来，"不可能借助药片来解决俄罗斯人的健康问题，应该让人们崇尚健康的生活方式，积极投身到体育运动中来"。

想要有健康的身体和良好的精神状态，就得有好的生活习惯。我们要学会有规律、有节制地生活，让好的心情每一天都伴随在我们左右。

日本著名音乐人久石让说："作曲家如同马拉松选手一样，若要跑完长距离的赛程，就不能乱了步调。"我们每个人的生活，都应该保持有规律的步调。人体的各个系统每天都在有规律地工作着，我们的生活应该适应这一情况，做到按部就班，这样才能促进身体健康，才能让我们始终保持积极的心态。

第八章
掌控得失：给自己留下沉淀和反思的空间

一个人的生活不应该总是追求物质上的享受，要学会给自己一片安宁，给自己一份好的心情。这个世界上外在的东西有很多，你的内心如何能够把所有的东西都放入。与其把外在渴望得到的东西一点点放进内心，不如学会清空内心，留一片安静、空白的空间。这样你的生活才不会忙碌与烦躁、你的心灵也不会每天患得患失，你才能看到最真实的自己，按自己的意愿，去过自己内心真正最想要的生活。

建立内心港湾，停泊暂避风雨的生命之舟

人生是多种多样的，每个人都有自己的活法。但是，归结起来，无非两种：一是活得累；二是活得潇洒。在人生的旅途中，可能随时会发生各种不顺心的事情，高考失利、下岗失业、晋升无望、怀才不遇、生意翻船、家庭破裂，等等。这种种坎坷都会因为主观愿望与客观现实的矛盾而引起强烈的心理情绪波动，甚至心态失衡。在这样的情况下，有的人不择手段，铤而走险；有的人满腹牢骚，咒天骂地，甚至抨击一切……这都是活得累的人。

另外一些人则平心静气，理智地看待困难、挫折和痛苦，用积极的态度寻找治疗自己苦闷的良方。他们随遇而安、顺应自然，环境再怎么恶劣，他们也都不放在心上，而是专心于自己的工作和生活。这些都是哲人，是能够活得潇洒的人。

老子曾说："人法地，地法天，天法道，道法自然。"世界上最大的法则是自然法则，人的法则其实是最小的。所以，顺其自然才是人类的生存之道。

万物的枯荣有其规律，花儿不会永远开放，树叶不会永远青翠，就连月亮也不会永远盈满。它们必须遵循自然的法则。自然的法则是博大

的，也是残酷的，茂盛也好，枯萎也罢，随着时间的流逝，终究是要消失的。而在现实生活中，人的外貌、权力、财富、名誉都不过是过眼烟云，人应该学会顺其自然地活着，如果刻意追求反而会被其所累，最终迷失自己，陷入无尽的烦恼之中。

在生活中，能够顺其自然的人，一定是豁达、开朗的，我们应该让自己豁达些，因为豁达才不至于钻入牛角尖，才能乐观进取。我们还要让自己开朗些，因为开朗才有可能把快乐带给别人，让生活中的气氛更加愉悦。

在一座寺庙中，后院的草地都枯萎了，显得很荒凉。小和尚对师父说："师父，我们赶紧买些草籽种上吧。"

师父说："不用着急，等什么时候有时间了，我再去买一些草籽。任何时候都能播种，着急有什么用呢？随时！"

到了中秋的时候，师父把草籽买了回来，交给小和尚，对他说："去吧，把草籽撒在地上。"天上起风了，小和尚一边撒，草籽一边飘。

"不好，许多草籽都被吹走了！"小和尚说。

师父说："没关系，吹走的多半是空的，撒下去也发不了芽。没什么可担心的。随性！"

草籽撒上了，许多麻雀飞来，在地上专挑饱满的草籽吃。小和尚看见了，惊慌地说："师父，不好了，草籽都被麻雀吃了！这片地再也长不出小草了。"

师父说："没关系，草籽够多，麻雀是吃不完的。明年这里一定会有小草的。随遇！"

夜里下起了大雨，小和尚久久不能入睡，担心草籽会被雨水冲到别的地方。第二天，雨停了，小和尚跑出去一看，果然很多草籽都被冲走了。于是他马上跑进师父的禅房说："师父，草籽被冲走了，长不出小草了。这可怎么办啊？"

师父不慌不忙地说："草籽被冲到哪里就在哪里发芽，不用着急。随缘！"

没过多久，后院的角落里居然长出了许多青翠的小草。小和尚高兴地对师父说："师父，太好了，我种的草长出来了！"

师父点点头说："随喜！"

小和尚的师父是一位懂得人生乐趣的人。凡事顺其自然，不必刻意强求，反倒能有一番收获。"随时、随性、随遇、随缘、随喜"，简单的十个字，却道出了人生的大智慧。如果一切自然随意，那么人生还会有什么东西让你寝食难安、愁眉不展吗？生活中有许多的不如意，我们都为自己周围的客观条件所限制，无法改变，此时不妨顺其自然、随遇而安。这样你也可以找到心灵的一份宁静与快乐！

日本有一位禅师，法号白隐。他不仅道行高深，而且生活朴素，具有很好的名声，深受当地百姓的敬仰与称颂。

白隐禅师所在的寺院附近住着一户人家，家里有一个非常漂亮的女儿。有一天，夫妻俩发现女儿怀孕了，好端端的一个黄花闺女，竟做出这种见不得人的事，实在是家门的耻辱。夫妻二人不断逼问女儿那个男人是谁，女儿怯怯地说出了白隐禅师的名字。

夫妻二人来到白隐禅师的住处，狠狠地将他痛骂了一顿，骂他不守清规戒律，败坏道德。可是，白隐并没有生气，只是若无其事地说了一句："只是这样吗？"

等孩子出生后，那位姑娘的父母就将孩子送给了白隐禅师，让他抚养。这件事给白隐禅师带来了很大的负面影响，几乎使他声名扫地。但他并没有因此放弃孩子，而是悉心照料孩子，四处乞求婴儿所需要的奶水和其他用品。即便多次遭到别人的白眼和羞辱，他也总是泰然处之。

在白隐禅师的细心呵护下，婴儿渐渐长大了，成长为一个非常可爱的小孩。孩子的妈妈再也忍受不了良心的谴责，把实情告诉了父母——孩子的父亲另有其人。她的父母非常惊讶，立即带着她来到寺院，向白隐禅师道歉，请求原谅。

可是，白隐禅师还是像当初那样，淡然如水，更没有趁机抱怨他们，只是轻轻说了一句："只是这样吗？"

在生活中，我们常常会被人误会或是指责，如果你去解释或还击，往往会把事情越闹越大，不如向白隐禅师学习学习，不去争辩，不去理会，顺其自然，这往往是最好的解决办法。佛学中讲，不要用抗争的心态来面对这个世界。凡事以对立的心态对待，唠叨抱怨就不会停止，如此便难以用宽容的心来看待和接受他人的不同见解，很难活得快乐。宠辱不惊，得失无意，凡事只要自然就好，不需要在意更多的外在形式，这样可以获得身心的安宁、惬意、舒适与安逸，幸福的生活也会随之而来。

人生总是充满了痛苦与无奈，当我们应得的利益被夺去，当我们与别人因为见解不同而产生冲突，彼此不能和谐相处的时候，种种无法由自己主宰的苦恼，使我们终日生活在患得患失之中。我们难免会抱怨，会感到不快乐。此时，我们就应该用随遇而安、顺其自然的生活态度去自然地生活。就让我们在自己的内心建立一个安宁平静的港湾，来停泊暂避风雨的生命之舟吧！

适当退一步，换一条道路去前进

面对同样的事，为什么有的人能够应付自如，轻松潇洒，而自己却总是力不从心，屡屡受挫？

其实，那些活得轻松自如、洒脱淡定的人，并非由于他们的无可挑剔而有如此成就，而是由于他们能够把握得住"进退"的界限。当面临"不可进"的情形时，他们懂得退后一步，然后再换一个角度想办法让自己前进。这样一来，成功就不是那么复杂和困难，而我们的人生也不必如此纠结了。

一位登山运动员参加了攀登"世界第一高峰"——珠穆朗玛峰的活动。我们知道，珠峰最高海拔为8000多米，但这位运动员在爬到6000多米的时候，因为身体出现了不适，放弃了攀爬。

面对快要登顶的他，很多朋友都为其深表遗憾，这个说："哎呀，你都已经走了四分之三的路程了，为什么要放弃呢？"那个说："如果能咬紧牙关挺住，再坚持一下，或许也就上去了。要知道，有多少人梦寐以求站在珠穆朗玛峰上啊！"

面对众人投来的惋惜之情，这位运动员却不以为然，他平静地对大家说："其实，我心里很清楚，6000多米对我来讲已经是我登山生涯的最高点，根据我当时的身体状况而言，那已经是极限了。如果我再继续爬，那么很可能会丧失性命。难道我会拿自己的生命开玩笑吗？所以，对于中途退却，我一点都没有感到遗憾。"

这位运动员的话确实很有道理，他的做法也值得我们学习。当我们到达一定程度，无法再前进，或者再往前走很可能会让自己惨不忍睹时，不妨退一步，这才是明智的选择！

换句话说，每个人、每件事或许都存在一定的极限，我们不能冲着柳树要枣吃，也不能明知山有虎偏向虎山行。虽说突破自我很有必要，但是这种突破并不是建立在鲁莽和无知的基础之上的。美国前总统林肯曾经说过这样一句话："自然界里的喷泉，其喷发的高度不会超过它的源头。"这句话的意思就是，事物本身存在着突破口，但并非所有人都能够穿过突破口，创造极限。也就是说，每个人都有最大的承受能力。像案例中的这位年轻人，他懂得自己的生命所能承受的极限，因此淡然自若地做自己能做的事。这样做，谁又能说他不是一位胜利者呢？

"当行则行，当止则止"，要告诫我们的正是这样一个道理。

聪明的做法是，我们要及时了解自己的能力，承认自己的不足。在此基础上，我们才能做到量力而行，不莽撞、不遗憾。

幼年时期的格里格·洛加尼斯是一个十分害羞的男孩，又因为他说话有些口吃，所以在阅读与讲话方面不尽如人意，一度被归为学习最差学生的行列。

不过，洛加尼斯是一个很聪明的孩子，小学没毕业的时候，他就发现了自己在运动方面的能力强于他人，而这是他特有的天赋使然。认清这点后，洛加尼斯减轻了自卑感，并开始专注于舞蹈、杂技、体操和跳水方面的锻炼，由于自身的天赋和努力，洛加尼斯果然开始在各种体育比赛中崭露头角。

可是，升入中学后，洛加尼斯发现自己有些力不从心了，因为舞蹈、杂技、体操、跳水都需要辛勤的付出，他不可能有这么多时间和精力去做这么多事，因此常常感到力不从心，而且这些事情自己仅仅能做到差不多，离优秀还有一段距离。

后来，在恩师乔恩——前奥运会跳水冠军的指点下，洛加尼斯认识到自己在跳水方面更有天赋，便接受了跳水方面的专业训练。

经过长期的努力，洛加尼斯终于在跳水方面取得骄人的成就：16岁成为美国奥运会代表团成员；28岁时已获得六个世界冠军、三枚奥运会奖牌、三个世界杯和许多其他奖项；1987年作为世界最佳运动员获得欧文斯奖，到达了一个运动员荣誉的顶峰。

很为洛加尼斯感到庆幸，他没有一味地在某一个方面和自己较劲儿，而是选择了另辟蹊径。不难想象，如果在学习上与别人竞争，那么到现在他或许只是个普普通通的人。因此，我们说，洛加尼斯是幸运的，而他的幸运是建立在自己懂得取舍、懂得退让的基础之上的。

由此可见，无论我们身在职场，还是驰骋商界，都不要认死理，适当地退一步，或许就能看到别的可以前进的道路，任何时候都不要忘了条条大路通罗马。只要我们能最大限度地发掘自己的长处，就能收获内心的充实和坦荡，拥有"非同寻常"的人生之旅，这样的人生才称得上精彩绝伦，不是吗？

无论得失，永保一颗淡然之心

我们知道，在得到某件东西或某项成就之后，我们总不免有喜悦之情涌上心头；而如果是失去某件东西或某项成绩，我们又会陷入深深的沮丧当中。成则喜，败则忧，这是人之常情，任何人都不可避免。

然而我们也知道，有成就必然有败，有得就必然有失。一个人在成功和得到时可以纵情欢乐，但在失败和失去时却很少能够将悲伤情绪合理排遣掉，这也就是我们看到一些人在股市崩盘之后选择跳楼轻生的原因了。

《大腕》这部电影是冯小刚导演的代表作，在剧中叙述的是北京青年尤优为国际大导演泰勒承办葬礼的故事。因缘际会，尤优认识了国际知名导演泰勒，并得到身体每况愈下的泰勒的承诺，替泰勒举办一场别开生面的葬礼。

为了把葬礼办好，尤优找到好友路易王。在路易王的策划下，两人将泰勒的葬礼完全办成了一场捞钱的表演。随之在葬礼即将举办、两人即将成为百万富翁之际，却得到了泰勒病情好转的消息。尤优为此躲进了精神病院，路易王更是因受不了心理落差的刺激一下子疯了。

剧中人终归是表演，但道理却很现实。我们的生活中充满了赢得起输不起的人，这些人在成功时不懂得收敛甚至纵情声色，到失败之后又不懂得调节心绪从而一蹶不振。这样的人即便是一时成功了，也不可能有多大的成就。

那么一个成熟的人应该怎样看待成败呢？《庄子》里面有一句话："得而不喜，失而不忧。"得到了不必狂喜、狂欢，失去了也不必耿耿于怀、忧愁哀伤。无论是得是失，永远保持一颗淡定超然的心，也只有如此，才可以称得上是一个做大事的人，才有权利享受上天赐予的成功人生。

得而不喜，失而不忧，这是一种非常高的人生境界。拥有如此人生境界的人，相信无论是处于铁瓦金銮的朝堂，还是处于茅顶土坯的江湖都能够泰然处之。古代著名的医药学家李时珍就是一个这样的人。

李时珍，蕲州（今湖北省蕲春县）人，明武宗正德年间生，因为家中世代行医，李时珍从小就打下良好的医学基础。后来李时珍来到皇宫成了一名太医。在太医院，李时珍见到了人世间最富贵繁华的景象，接触了人世间最显赫高贵的人，然而这一切却并没有令他沉醉，他明白自己要的是什么——成为一名好医生。

后在因缘际会之下，李时珍离开了皇宫。在离开皇宫之后，李时珍仍然可以过着富贵的生活，然而他没有那样去生活。他选择深入民间，到那些最贫苦、最卑贱的人当中嘘寒问暖、救死扶伤。从朝堂到民间，从太医到乡土郎中，李时珍没有任何的不快，仍然一心一意地对待每一个病人，刻苦钻研每一味药方，亲自尝试每一种草药。

几十年如一日的坚持，终于让李时珍实现了自己的抱负，他编撰了中华历史上最伟大的一本医书——《本草纲目》，并因此载入史册为后世所敬仰。

在当今社会，像李时珍这样看淡得失的人已经越来越少了，也正因为如此，才使得我们这个社会算得上成功的人也越来越少。因为大多数人都把自己的快乐和忧愁建立在得失之上，得到了非常高兴，一旦失去就过分忧虑，甚至为了少失去多得到而不惜牺牲自己的道德和尊严。

人之所以会那么重视自己的得失，是因为我们已经将人生是否成功，完全与物质的得失等同起来。比如说，租房子住的人觉得有房子住的人比自己幸福，有房子住的人觉得住别墅的人比自己幸福，而住别墅的人也以为别人比自己幸福。就是这样，每个人都感觉自己是不幸福的。因此，每个人都拼命地去争取更多的东西，让自己的生活更加"幸福"。然而，物质的增加永远都不会让我们的心灵得到满足，反而会让我们受到物质的负累。

一个没有什么财富的人，过着简简单单的生活，其人生未必不快乐、不充实。然而有一天他中了百万大奖，一夜之间暴富。有了钱，自然就要想怎么去花，一下子，他的欲望之门就被打开了。他不再精打细算地过日子，而是整天为去哪些高消费的餐厅发愁；他不再为每天上班几点出发才能赶上公交而发愁，他干脆直接买了一辆轿车，他的生活完全改变了。

然而不久之后，因为过于膨胀的欲望，他的钱慢慢被他挥霍一空，他再次过起了清贫的日子。然而，他的心却再也感受不到以前那种简单的快乐了。因为他吃过了山珍海味，就不想再吃萝卜白菜了；他坐惯了轿车，就不想再挤公交了。但山珍海味和轿车毕竟已经成为过去，他只能陷入现实的苦恼中无法自拔。

其实他这种苦恼完全是自找的，试想，如果他一开始对暴富就保持一种良好的心态，那又怎么会有这种情况发生呢？

某机关的一个小公务员，一直过着安分守己的日子。有一天，他闲来无事用两元钱买了一张彩票，没想到他真的中了个大奖。因为平时就喜欢跑车，于是他用奖金买了一辆跑车，整天开着车兜风。

然而有一天不幸来临了，他的车子被盗了。朋友们得知消息后都怕他受不了这一打击，便一起来安慰他。可看着前来安慰自己的朋友们，他却哈哈大笑地对朋友们说："如果你们中有谁不小心丢了两块钱，会悲伤吗？"众人面面相觑，他接着说，"我用两块钱买了彩票，然后得到了车，现在车丢了，不就是两块钱的损失吗？"

一反一正，这位小职员的心态值得我们所有人学习。只有自己过得幸福，那才是人生的真谛。"不以物喜，不以己悲"，得之，我幸；不得，我命。用这种宁静平和的心态对待人生的起伏，那么无论是得还是失，我们都能够描绘出美丽的人生篇章。

生活中选择少一些，烦恼就少一些

一位哲学家说：当生活中有一种选择的时候，我们的内心是平静而快乐的，但是可供选择的事物一旦多了起来，生活便多了许多烦恼。这些烦恼主要源于人们在众多选择面前患得患失的敏感心理。关于此，国学大师季羡林说："生活应该简单些好，面对的选择越多，就越让人痛苦！所以，在做事情的时候，要追求单一的目标，这样才能将精力放在当下，从容地前行！"他是在告诉我们，在生活中，无论做什么事情，只有追求单一的目标，才能使自己更专注于当下，才能使自己少些选择的痛苦和烦恼。

森林中生活着一群猴子，每天太阳升起时，它们会从洞中爬起来外出觅食，太阳落山时，它们又自觉回洞中休息，日子过得极为平静和快乐。

一天，一名旅客在游玩的过程中，不小心将手表丢在了森林中。猴子童童在外出觅食的过程中捡到了。聪明的童童很快就搞清楚了手表的用途，于是，它掌控了整个猴群的作息时间。不久后，它凭借自己在猴群中的威信，成为猴王。

聪明的童童意识到是这只手表给自己带来了机遇和好运后，每天就利用大部分的时间在森林中寻找，希望可以得到更多的手表。功夫不负有心人，聪明的童童终于又找到了第二块手表，乃至第三块。

但出乎童童意料的是，得到了三块手表时，反而给它带来了麻烦和痛苦，因为每块手表显示的时间不尽相同，童童根本不能确定哪块手表上显示的时间是正确的。猴子们也发现，每次来问时间的时候，童童总是支支吾吾回答不上来。一段时间后，童童在猴群中的威望大大下降，整个猴群的作息时间也变得一塌糊涂，大家愤怒地将童童推下了猴王的位置……

拥有一块手表，可以明确地知道时间，而得到了两块甚至更多块的手表却能使自己迷失，给自己带来无尽的烦恼和痛苦。由此我们可以说，得到的越多，痛苦和烦恼就会越多。

《圣经》上说，上帝因一个简单的心思，只是用简单的泥土，造就了我们，我们为何要去追求无谓的繁杂，终将自己置于痛苦之中呢？选择越多越痛苦，而这些"更多的选择"就是我们内心不断追求的结果。为此，哲学家说："因为人的欲求不止，所以，生命是一个不断作茧自缚的过程。"同样，行为心理学家也指出，与其说人的行为是受一定的原因支配，不如说它更受人生的一系列目标或一系列目的支配。在达成目标的过程中，人总要面对各种各样的选择，不同的选择，收获的结果也不尽相同，人生也有可能会由选择而发生变化。所以，为了使结果更为完美，在选择的过程中，人们必然会仔细斟酌，细心掂量。为此，烦恼就产生了，混乱的生活状态也就开始了。

我们要想从这种混乱、痛苦的状态之中走出来，就要勇于舍弃，使生活归于简单。舍弃那些扰乱我们心智的"更多的选择"，过一种简单的生活。

有一个诗人，为了追求心灵的满足，不断地从一个地方辗转到另一个地方。他的一生都是在路上、各种交通工具和旅馆中度过的。当然这并不是说他自己没有能力为自己买一座房子，这只是他选择的生活方式。

后来，由于年老体衰，有关部门鉴于他为文化艺术所做的贡献，就给他免费提供了一所住宅，但是他拒绝了。理由是他不愿意让自己的生活有太多的"选择"，他不愿意为外在的房子、物质等耗费精力。就这样，这位独行的诗人在旅馆中和路途中度过了自己的一生。

诗人死后，朋友在为其整理遗物时发现，他一生的物质财富就是一个简单的行囊，行囊里是供写作用的纸笔和简单的衣物；而在精神方面，他给世人留下了十卷极为优美的诗歌和随笔作品。

这位诗人正是勇于舍弃了外在的物质享受，选择了一种简约的生活方式，最终才丰富了精神生活，为人类作出了巨大的贡献。他的人生是一种去繁就简的人生，没有太多不必要的干扰，没有太多欲望和压力，是一种快乐而又纯粹的人生。

我们要想过一种幸福而快乐的生活，就不能使自己背负太多的选择，学会去繁就简，将生活简单化，这样才不致使自己在众多的选择面前无所适从。

正如尼采所说，如果你是幸运的，你必须只选择一个目标，或者选择一种而不要贪多，这样你会活得快乐些。正如一台电脑一样，在其系统中安装的应用软件越多，电脑运行的速度就越慢，并且在电脑运行的过程中，还会有大量的垃圾文件、错误信息不断产生，若不及时清理掉，不仅会影响电脑的运行速度，还会造成死机甚至整个系统的瘫痪。所以，必须定期地删除多余的软件，及时清理掉那些无用的垃圾文件，这样才能保证电脑正常运行。

只有活得漂亮，生活才能出彩

一个人的样貌是天生的，无论长得美丽与普通，都由基因决定。当然，你可以通过后天的技术改变模样，那是另一回事。或美丽或普通，长相是你无法选择的。每个人都想要优越的外在条件，但如果仅仅停留在外部的修饰上，那么就算你天生丽质，这种美也是有时限的。如果样貌普通，你也不必灰心，因为活得漂亮才是最重要的，而这一目标与个人长相并没有必然的关联。

你长得漂亮，这是你的优势，如果变成一只花瓶，那么这种美便是无趣的，更有可能如昙花，在短暂的绽放后便转瞬即逝。漂亮的人生才是每个人追求的目标，这与个人长得漂亮或普通没有关系。长得不漂亮不是你的责任，活得不漂亮就是你自己的责任了。容颜会老去，容颜可以改变，一个人的灵魂和内涵却是不能变更的。当一个人的内心充满慈悲与善良时，内在的优雅便会自然而然地散发出来；当一个人内心足够强大与通透时，淡定从容的气质足以让他度过任何艰难的时光。

修得内在的欢喜与圆满，是一个人掌控自己生活的本质要求。这份活得自在的潇洒与从容，可以让他抵挡住岁月的侵蚀，即使容颜老去，仍然可以活得有滋有味。长得漂亮只是年轻时候的事，活得漂亮才是一辈子的事。

但凡见过双双的人，都会有一种被惊艳到了的感觉，自然而然地被双双的气质所吸引。其实双双并非绝世大美人，相反，由于她右脸颊上方有一块不算大却不容易被人忽视的红色胎记，单从容貌上来说，双双有些丑。美与丑集结于同一体，却毫无违和感。

第一眼看到双双时，就被她的微笑所打动。当镜头无意间对上双双右脸颊的红色胎记时，双双没有闪躲，神色淡定。双双现在是一名畅销书作家，她的作品主题是关于人性方面的。对于人性的美与丑、善与恶，双双在书中给出了引人深思的刻画。随着采访的深入，我开始被眼前的女子所折服。渊博的知识、优雅的谈吐无不昭示着双双良好的个人修养与魅力。

谈及过往的坎坷经历，双双始终气定神闲。父母在她七岁时离异，双双与父亲一同生活。父亲把年幼的双双带到了国外，于是双双便在异国他乡长大。父亲需要外出工作时，便把双双一个人留在家里。语言不通、文化相异，当双双独自出去时，感觉自己与周边的一切格格不入。

再长大些，双双被父亲送去了学校。与老师和同学沟通不顺、因样貌缺陷被他人嘲笑，双双幼小的心灵受到了深深的伤害。抑郁寡欢的双双不肯去学校，在父亲的鼓励下，双双很长一段时间后才克服了自卑与畏惧。不畏各种困难，双双以优异的成绩令大家刮目相看，被认可的双双从此开始了自己真正的异国生活。大学毕业后的双双选择了回国，由于对文学与写作的爱好，双双成为一名职业作家，名气也渐大。

看着眼前侃侃而谈的女子，欣赏之情油然而生。双双举手投足间都透着一股自然的优雅气息，无关乎她的容貌与学识，而是一种从骨子里散发出来的气质。

对于女性来说，美貌固然重要。或风情万种，或千娇百媚，无一不是与美貌直接相关的词语。每个人都喜欢美的人或物，美的人或物让人赏心悦目。然而，若是一个没有内涵的美女，即使在初见时她的美貌让人觉得惊艳，随着交往的深入，最初的欣赏便会一点点褪去，甚至变为反感。

有些人外表光鲜亮丽，内里却如一片荒漠；有些人面目可憎，他的笑却感染了无数人。容颜不是美好生活的必要条件，心灵的美才是活得漂亮的必要因素。无论样貌是否美丽，只有活得漂亮，你才能活得精彩。

心情好与坏，你也只有这一辈子

一个人的时间是有限的，只有一辈子。或许你会觉得一生太短了，不够实现你的梦想与理想。但从古至今，那些妄想千秋万代的帝王，没有谁能逃脱帝国兴衰、王朝更迭的命运，最终湮没于历史的长河中。在星辰的运转中，一个人的一生更显渺小。

人就这么一辈子，开心也是一天，不开心也是一天。昨天不可追，明天也将变成昨天，过了今天就不会再有另一个今天。做错事不可以重来，一分一秒都不能再回头，你能做的，唯有珍惜眼前，过好每一刻。痛苦追悔也挽救不了过错，自怨自艾更不能改变事实，碎了的心难再愈合，倒不如淡然面对，放宽心态，无论悲喜，全身心地享受无法复制的今天。

给自己一份好心情，这是人生不能被剥夺的财富。如果你还在为昨天的失意而懊悔，为今天的失落而烦恼，为明天的得失而忧愁，好心情将会离你而去。幸与不幸的人生，终究会殊途同归。你春风得意抑或愤愤不平，你所拥有的生命长度，不会有丝毫改变。心态好，心情才会好。做真实的自己，按自己的意愿去生活，你总归拥有了这一辈子。

一位富奶奶与穷奶奶成了邻居。富奶奶所居住的是一栋装潢华丽的洋楼，在洋楼对面的不远处，有一间普通的红色砖房，穷奶奶住在里面。每天早上，富奶奶都会到附近的公园去散步健身，在去的途中她会碰到去市场卖菜的穷奶奶。每次穷奶奶都会主动笑着向她打招呼。富奶奶几乎每次看到穷奶奶时，穷奶奶总是面带笑容，富奶奶不明白有什么事值得穷奶奶开心的。在富奶奶看来，穷奶奶穿着简朴，一大把年纪了还要自己种菜、卖菜以赚取生活费，她不是应该感到累而不快乐吗？富奶奶看到过穷奶奶的一儿一女，平常在外地工作，不过逢年过节会回家小住。平时一个人居住的穷奶奶不感到孤独吗？

尽管每天去锻炼身体，富奶奶的身体还是比较虚弱。虽然大病没有，但小病却不断。富奶奶又生病了，这次比较严重，住院一周。在富奶奶出院后，穷奶奶听说了这个消息，便带着自家种的新鲜瓜果前来看望她。两个老人聊了很久，富奶奶忍不住道出了自己的诸多疑惑。穷奶奶笑着一一解答了她的疑惑。

穷奶奶的日子是清贫的，但她很满足这种生活。儿女也很孝顺，每月会给她足够的赡养费，只不过穷奶奶身子骨很健朗，她喜欢自己种些蔬菜瓜果，然后到市场上去卖，再换取其他的生活所需品。穷奶奶很珍惜这种自给自足的日子，也养了鸡鸭以及猫狗等小动物，在劳作中也就不会感到日子无聊。富奶奶最后问道，为什么每次穷奶奶看起来都很高兴呢？穷奶奶没有直接回答她，而是反问道，那为什么要不开心呢？

看着仍旧笑着的穷奶奶，富奶奶陷入了沉思。她只有一个儿子，儿子有稳定的工作，并一直陪伴在她左右。可她总是担心儿子工作太忙，会顾不上吃饭，不能照顾好自己，又担心儿子公司的事情太多，压力太大，对身体不好。富奶奶总是不由自主地想到这些，老伴儿劝慰她，可她还是整天焦虑不已，身体自然忧思成疾。

富奶奶把自己的苦恼告诉了穷奶奶，穷奶奶又问她，你儿子那么能干，你为什么不想工作对于他来说是轻而易举的事，至于照顾自己，他已经是成年人了，为什么不能照顾好自己？

被穷奶奶开导一番，富奶奶想通了，心情渐渐变得开朗起来，生病的次数也减少了，笑容也爬上了富奶奶的脸。她始终记得穷奶奶最后说的那句话——人就这一辈子，何不让自己开心点？

如果用时间来衡量人的一生，不过九百多个月，一个月过去了，便少了一个月。过了今天就不会再有另一个今天，即使后悔，也回不到昨天，一分一秒都不会再回头。只有有意义地过好每一天，才能拓宽生命的宽度，不虚度此生。

放慢脚步品味生活，让心灵归于宁静

在现代快节奏的生活中，每个人都加快了步伐，为了生计抑或是梦想，拼命向前跑。为了过上想要的生活，人们总把自己的神经绷得很紧，似乎除了追赶的那个目标，周围的一切都可以忽略无视。整天在焦虑和匆忙中度过，甚至在忙碌中忘了快乐与自己。

的确，想要取得更大的成就与辉煌你必须付出加倍的努力。你想来一场向往已久的旅行，却以没有时间为由不能实践。你总惦记着还有很多很多的事没有完成，所以你没有消遣的机会，哪怕只是去湖边走走。然而，当生活只剩下了单调如机器般的重复动作，又何谈人生的美好与乐趣？用无限的压力和焦虑换来的未来，又何谈享受与欢愉？

只有会品味生活，才能感受到彼此间的温情，嗅到道路旁花草的清新和芬芳，体会到冷暖于四季中轮回。你可以为了理想去拼搏，但不能一直让自己处于奔跑中。在忙碌之余，放慢自己的步伐，给自己留出释放的时空，给自己一点自由思考的时间，不忽略沿途的风景，感受大自然的静谧与宁静，获得一份高远和清新。

李梅梅觉得自己的人生像一杯温开水，平平淡淡。李梅梅是一名教师，从毕业到今天，在这个岗位上已有二十余年。李梅梅并非喜欢教师这一行业，因为她不知道自己喜欢什么，也就按照父母对她人生的规划生活着。在她工作两年后，父母认为李梅梅应该嫁人了，于是李梅梅便通过相亲认识了现在的丈夫，半年后两人结婚了，然后就是生孩子。

如今四十多岁的李梅梅每当回想往事，她就觉得自己前半辈子只做了三件事，那就是读书、工作、嫁人，她觉得自己后半辈子应该会这样一成不变地过下去。相比较身边的同龄人，李梅梅的模样绝对称不上老，可她觉得自己已经老了，心老了。循规蹈矩的生活，李梅梅都预料得到自己明天的生活、后天的生活，一年后、几年后的生活。没有任何改变，没有任何激情，千篇一律。李梅梅也曾想有所改变，可当她尝试插花、刺绣、看电视等活动时，仍旧没什么兴趣。

李梅梅看着儿子结婚，然后是孙子出生。退休后的李梅梅负责带孩子，但新生命的来临并没有给作为奶奶的李梅梅带来太多欢喜。李梅梅越来越习惯一个人发呆，思维与行动变得迟缓，渐渐地，一种了无生趣的念头占据了李梅梅的脑海。待家人发现李梅梅这种状态时，她的情况已经很严重了。医生诊断了李梅梅的病情，并确诊为老年痴呆症晚期。对于患上疾病，李梅梅也没有表现出惊讶抑或是恐惧，她平静地接受了治疗。只是，李梅梅的症状并没有好转，反而越来越严重，家人明显感觉到李梅梅对生活乐趣的缺失。对于李梅梅的生无可恋，家人想尽了一切办法，无论是药物治疗还是心理治疗，都没有什么起色。

迷上摄影对于李梅梅来说是偶然的。当李梅梅看到镜头中捕捉到的大自然的鲜活画面时，一种新生的感觉从心底萌芽，开出花来。李梅梅买了一台相机，在说服家人后，独自上路了。她把自己交给了大自然，沉醉于大自然的一草一花一树叶中，全身心地投入到了大自然的怀抱。

半年后，李梅梅回了一趟家，家人诧异于浑身充满活力的已年过半百的她，并为她的重生感到由衷的高兴。以后的日子里，李梅梅每隔一段时间就会出去，走向大自然，让身心得到放松，感受大自然赋予她的温暖与欢欣。

给自己留有时间去休息与调节，日子才不至于过得忙碌而乏味。时间是自己给的，轻松也是自己给的，即使生活充满琐碎和繁杂，累了时，就应该放慢脚步，放松自己，让心灵得到缓冲。用心感受这个世界的存在，你会发现人生中有很多东西值得我们静下心来细细品赏。

诗人巴尔蒙特曾说："为了看看阳光，我来到世上。"大自然是天生的艺术家，连绵的青山、波澜壮阔的大海、一望无际的大草原，都足以让你陶醉其中。享受大自然的美好，永远把这份美好珍藏起来。

总之，无论处于人生的哪一个阶段，无论是烦闷还是愉快，都应该让心灵得到宁静，用心体验每一个有意义的过程。烦恼并非你所愿，但你可以走向大自然，接受大自然的洗涤，偷得浮生半日闲。

第九章

完善自我：学习是提升自控的最佳途径

这个社会的知识每天在更新，你以前的所学在今天也许毫无用处。如果你还每天对自己以前的博学沾沾自喜，你就会被这个社会所淘汰。在如今的社会中，你需要学会每天自省、自律、自控，发现自身的不足，然后不断地学习。做到"活到老，学到老"。

不断学习，靠知识完善自我

中国有句古话叫作"活到老，学到老"，因为学习是没有止境的，如果一个人对学习失去了兴趣和追求，那么他的人生就不会有很大的起色。我们生活在一个知识爆炸的时代、一个知识不断更新的时代，如果没有自控力，让自己不断去学习的话，很快就会被社会大潮所淘汰，成为时代的弃儿。

我们正处在一个高速发展的时代，而这个时代是多变的，多变的原因就在于不同的方向。身处这样一个时代中，我们就需要紧跟时代，不断学习，更新自己的知识，使得自己能够认清时代当中的机遇，并学会与机遇一起赛跑。在过去的这几十年当中，我们最重要的认识就是，我们终于明白了受教育不仅仅是在学校需要做的事情，更是一生必须持续的事情。在这个变化过程中，唯有不断给自己充电，才能紧跟时代。

美国著名的管理学家彼得·德鲁克就是一个很好的例子。

从 1937 年移居美国后，他就开始了一边教书一边写作的生涯，而一年之后，他出版了第一本著作《经济人的末日》。在随后的多年里，德鲁克几乎每隔三四年就会出版一本著作，而他的著作所围绕的始终是关于经济和企业管理一类的理论。但是，他的管理学理论并非是凭空想象出来的，也不是他经验的总结，因为他的一生，始终都处在教书、写作和学习当中。

那么，德鲁克的理论究竟是从哪里来的呢？答案是显而易见的——很大一部分都是通过他平时的读书积累而来。德鲁克用别人无法相信的时间和毅力读完了很多前人留下来的各种关于经济和企业管理方面的成果，同时也对美国的资本主义形态和美国经济的运行体制进行了透彻的研究和分析。而在 1942 年，他又受聘于全球最大的企业——美国通用汽车公司，成为一名顾问。自此，他开始了其对世界大型企业内部管理上的研究和分析。可以说，他在不怕困难、努力学习的意念下，掌握了通用公司因企业内部管理而令企业走上一条漫长的辉煌之路的过程和原因，于是在四年后的 1946 年，他根据自己在通用公司的调研中取得的心得写成了《公司概念》一书。这本书的出版，为他打开了一扇通往企业管理的窗口，同时他首次提出了"管理学"这一概念。

德鲁克认为，管理是一门学科，不应该把它与其他任何学科混淆在一起。从此，管理学正式成为一门有别于其他学科的学科。德鲁克这一富有战略性的做法，可以说开创了一个全新的管理学新篇章。而他在借鉴前人留下来的宝贵经验的同时，则提出了一个既属于自己，又属于整个人类的管理学体系。无疑，这一切都是德鲁克努力学习与利用前人的经验，然后勇于探索的结果。

为了充实和完善自己的管理学理论体系，在随后的许多年里，德鲁克又对美国电报电话公司、惠普、微软等世界 500 强企业进行了更为深入的研究，并于 1954 年出版了他的另一本重要著作——《管理的实践》。在书中，他首次提出了"目标管理"这一划时代的概念，从而为

自控力：
将不正确的心理活动和行为方式调整过来

很多企业管理者提供了一个可以用来控制企业目标与成就的理论。

其实不仅仅是德鲁克，包括微软创始人比尔·盖茨、谷歌的创始人谢尔盖·布林和拉里·佩奇等人，他们都是在学习和钻研中慢慢成长起来，并创造出了属于自己的惊人成绩和财富。由此可见，只有努力学习，并在学习中继承那些优秀的文明成果，才能不断前进和发展，成就伟大的事业。

不过，对于大多数人而言，时间也就是金钱。如果充电学习没有从自己的实际出发，那么不但充电不成，还浪费了自己宝贵的时间，所以，不同阶层的人应该选择不同的充电内容。

对于大型企业高层来说，宜以战略修养为重点。当企业达到一定规模的时候，对企业管理人提出了更高的要求，北大企业管理案例研究中心主任何志毅教授认为："企业管理人员本身对企业的经营管理负责，不但有很好的实践经验，还需要掌握系统的管理知识，需要具备国际视野和战略眼光。"此时的企业需要管理者着眼于战略规划、竞争优势、提高商业洞察力，这类管理者应该选择战略修养作为自己的充电内容。

对中层管理者来说，则重在操作性。一般来说，中层管理者都是从业务骨干中提拔出来的，这些人身兼决策及实施职能，在系统的管理知识和科学的分析方法方面有所欠缺。那么这类管理者应该选择在管理方面具有操作性的内容作为自己的充电内容，以求系统而全面地掌握现代管理学的基本概念、管理的基本原则和实用管理方法、技巧及应用工具，以求使企业管理团队对现代企业管理规则有正确和统一的认识，真正领会管理的精髓。

而对于普通员工来说，要在自己的专业知识领域一步步加深，通过不断纵深地学习，让自己在这方面成为无可替代的人才，这样，你才能成为公司最不可或缺的。

认清自我，给优势成长的空间

现在的社会充满了各种各样的选择和机会。其实人们只要胸怀理想，有能力、有魄力，就可以掌握自己的命运，无论从何时何处起步，都有可能沿着自己所选择的目标攀上事业的巅峰。实际上，员工应该成为自己职业目标的首席执行者，学会并实践自我管理、自我发展、自我规划，把自己放在能对组织和社会做出最大贡献的位置上，在漫长的职业生涯中始终保持自控力、警觉和付出，认清自己的优势，不断修正并坚定自己的发展道路。

希腊著名雕刻家菲狄亚斯接到了一个工作，要为雅典的神殿制作雕像。他制作的这些雕像至今仍在神殿的屋脊上，被誉为西方历史上最伟大的建筑。

说到这个工程，当时菲狄亚斯向雅典政府申请款项时，财务大臣却不愿意拨款，理由是："这些雕像站在神殿屋顶上，也就是位于雅典山丘的制高点，除了雕像的正面，我们几乎什么也看不到。可是你却想要整个立体雕像的费用，就连没人看得到的部分也要付账。"

菲狄亚斯反驳说："你错了，神看得见。"

菲狄亚斯让人深受震撼。没错，就算只有神才会注意到，我也必须追求完美。

虽然说任何事情都没有绝对，优势和劣势也是一样。不过始终把自己放在劣势的地位，就是给自己加压，为自己增添进取的动力，最终就能把劣势转化成为优势，这也是发现优势的办法之一。

经验说明，用最适合自己的方式，做自己最擅长的事，这是最容易成功的方法。许多人只知道自己不擅长什么，也就是了解自己的缺陷，而对于自己擅长什么并不是很清楚，更谈不上利用自己的所长了。因此，人们想要成功，首先需要对自己有一个深刻的认识。不能了解自己的人，就谈不上自我发展。

下面列出了几个问题，这些问题有助于我们认清自我：我的长处是什么？我是如何工作的？我的价值观是什么？我属于何处？我该做出什么贡献？

要发现自己的长处，不是一朝一夕能做到的，有一个有效的途径，那就是回馈分析法：每当你做出重要决定或采取重要行动的时候，都可以事先记录下自己对这个任务的结果的预期，也就是你的预定目标，一定周期后，将实际取得的结果与自己预期的目标进行比较。

每个人的长处都具有独一无二且基本稳定的特点，工作方式也是如此，这通常与人在成熟后稳定的性格和行事风格有关，虽然可能经得起略微调整，但不可能完全改变，因为这植根于人的习惯中，不可能轻易动摇。

你认为什么才是有价值的？自己的价值观是自我控制中必须确定的问题。个人的价值观应该与组织的价值观一致，即便不能完全契合，也应该是求同存异的，否则人们工作起来就会觉得难以从心出发，压力会增大，工作时会感到非常疲惫，在这样的状态下自然也就拿不出工作成绩。

在人们了解自己的长处、习惯的工作方式和价值观后，就能够认识到自己应该从事什么工作，并确定自己应该为团队、组织和整个社会做出什么贡献。此外，我们还要认识到同事、合作者、下属等身边的共事者通常与我们具有不同的长处、工作方式、处事习惯和价值观，想做好自己的工作，就要事先与他们进行有效的沟通。

优势能够发展，劣势能够改变。具备职业化思维方式的人，必须懂得利用这一点来挖掘自身的潜力。

我们在确立自己的工作目标时，应当结合自身的实际情况，以自己的最大优势为辅助，以最可能获得成功的方式，确立最可能实现的目标，让工作和付出最具成效。相反，一旦选择错误，就要多走不少弯路，即使比他人花费更多的气力，比他人付出更多时间，也可能无法达成目标，更有可能距离目标越来越远。这就是"事半功倍"和"事倍功半"的区别。

大多数人觉得没有发挥自己专长最直接的原因正是：只要通过学习，每个人都可以胜任任何职务，每个人的弱点是他最有潜力的地方。

每个人其实都是特别的，拥有的才能是独特的，优点才是自己成长空间最大的地方。有一些成功的人士之所以能够成功，不是因为他改正了自己的缺点，而是他无限放大了自身的优点。只有懂得发现自身优点的人才能不断改进、提升自我。

失败的经验，值得每个人学习

在生活中遇到一些失败和挫折是很正常的，但是许多血气方刚的年轻人却对失败十分忌讳，遇到挫折的时候显得非常暴躁不安，不懂得用正确的心态去看待这一问题。反而觉得失败是对自己整个人生追求的否定，从而郁郁寡欢，消极悲观。在和别人交流经验看法的时候，心存愧疚，总是有意识地去隐藏和掩饰那些"不光彩"的经历。

很多年轻人对失败的理解总是片面的，他们把失败看得一无是处、毫无价值。其实，失败造成的严重后果，往往不在错误本身，而在于遭遇失败者的态度。失败者如果把它看成永恒，那将会永无翻身之日。失败者如果能从这些打击之中学到教训，吸取经验，就会建立起更强的自信心，去直面错误，改正不足，最终获得成功。

年轻人在遇到失败的时候，千万不要钻牛角尖，粗暴地撕碎个人的追求和梦想，而是应该静下心来仔细地观察和研究，得出经验教训，积累成功的资本，把失败当作攀登成功之巅的阶梯。

有一位中年男子来应聘某大型公司职业经理人一职。这位中年男子说："虽然我只有大专文凭、中级职称。但是我有着十五年的工作经验，曾经在九家公司做过事……"

他的话还没说完，主考官就摇头了，他认为，先后八次跳槽，是一种不负责任的表现，这样的人是毫无职业素养可言的。

那位中年男子解释道："主考官先生，其实我从来没有跳过槽，而是因为工作的那九家公司都倒闭了。"他的话刚说完，一个应聘者插嘴道："你可真算得上是一个地地道道的失败者了。"中年男子听了，笑着说："我觉得这并不是我的失败，而是那些公司的失败。这些失败其实就是我自己的财富。我对那九家公司十分了解，在那里上班的时候，我和我的同事们努力地对它们进行了挽救，最终虽然都失败了，但是我知道错误和失败的每一个细节。同时，我也从这些细节当中学到了不少的东西，这些东西是其他人不曾学到的。很多人经常炫耀自己成功的经验，而我却有着避免失败和避免错误的经验。"

主考官目不转睛地看着他，示意他继续说下去。他说："我深深地知道，成功的经验大致上都是相同的，很容易模仿。但是失败的原因却各不相同。用十五年的时间去学习成功的经验，远不如用同样的时间去学习失败的经验重要。事实上，从失败中学到的东西会更多、更深刻。别人成功的经验可能无法成为我们的财富，但是别人失败的经验却是我们成功的资本。"中年男子说完坐了下来。主考官看着中年男子，说："你被录用了，因为你体会到了什么是成功的资本。"

失败的过程也是学习的过程。在生活中，经常有人从成功者那里学习成功的方法和秘诀，但是却起不了多少实际性的作用。毕竟，成功的经验，最终不过是纸上谈兵而已，并没有多大的价值。而失败的经验却不同，一个人从失败中学习到的经验会更深刻、更全面，在以后的奋斗过程中也能少走一些弯路，少碰一些钉子。

五十年前，有一个叫卡那利的美国人开了一家比萨饼屋。用了短短一年的时间，他的比萨饼就成了远近闻名的食品，每天店里都处于爆满状态。于是，卡那利又开了两家分店，一段时间之后，那两家分店也是顾客盈门、效益良好。

卡那利的胃口一下子大了起来。他就在俄克拉荷马州又开了两家分店。然而，两个月之后，这两家分店却严重亏损。卡那利感到很纳闷儿：同样是比萨饼，同样是开在大学校园的旁边，为什么俄克拉荷马州会失败呢？经过一段时间的观察和思考，他终于发现了问题的关键所在：两个城市的学生在饮食和趣味上存在着巨大差异，在装潢和配方上面他犯了错误。他迅速改正自己所犯的错误，生意情况迅速好转起来。

当他的比萨饼店开到纽约的时候也吃了不少苦头。尽管他在开分店之前做了详细的市场调查，但是却无法在这个城市打开市场。后来他才明白，原来纽约人对比萨饼的硬度感到不满意。于是，他立即研制新配方，改变了比萨饼的硬度。最后，比萨饼就成为纽约人早餐桌上必不可少的食品了。

卡那利用十九年的时间在美国开了2100多家分店，他的身家也达到了三亿美元。

后来，卡那利回忆说："我每到一个城市开一家新店，开头总是失败的。但是在失败之后我没有选择退缩，而是积极思考失败的原因，努力地探索解决问题的办法，直到最后取得成功。"卡那利又说，"因为你不能确定什么时候成功，那么你就必须学会失败。"

失败对我们造成的损失是暂时的，如果不能从失败中吸取到教训就会造成不可弥补的损失。每一个成功的人，都是能从失败中获得教训的智者。

英国的索冉曾经说过："失败不该成为颓丧、失志的原因，应该成为新鲜的刺激。"因此，二十几岁的年轻朋友，不要在失败面前后悔和抱怨，也不要去发什么"一失足成千古恨"的感慨，我们应该知道"失败是成功之母"，失败之中往往孕育着成功。如果没有失败，任何伟大的事业都不过是海市蜃楼。

摆正自己的位置，人之患在好为人师

有很多高学历的毕业生走向社会，觉得自己掌握了最先进的理论知识，有着最聪明机智的大脑，在和别人相处的时候，时不时地表现出一种优越感，在做事的时候也总喜欢摆出一副盛气凌人的架势，对别人颐指气使、指指点点，那副稚气未脱的面孔上却表现出先知和师长的神气，从而让人看了心里不舒服。

孟子曾经说过"人之患，在好为人师"。这里的"师"并不是一种职业，而是一种心态。好为人师的人往往自以为是、自高自大，从而忽略了学习，忘记了谨慎，忘记了奋斗。在生活中忘记了充实自己，为梦想而努力，只知道把一些自以为很正确的意见和建议强行灌输给别人，这样不仅不会得到别人的认可，还会切断自己的退路。

每个人都知道孔子的"三人行，必有我师焉"，我们也不否认每个人都存在着可以让别人学习的地方。但是我们应该想一想，同样的意思，孔子为什么说"三人行，必有我师焉"，而不说"三人行，必有我徒焉"？我们应该明白，孔子在说这句话的时候，就是要告诉我们在生活和工作中，要摆正自己的位置，甘于做一个虚心求教的学生，而不能做一个好为人师者。许多成功人士之所以能够取得辉煌的成就，和他们在生活中经常保持谦虚的精神是分不开的。

阿瑟·华卡小时候是一名农家少年，后来成了美国著名的商业巨子。他的成功是他坚持奋斗的结果，同时也和他虚心学习的品质有着巨大的关系。

有一次，他在杂志上读到了一些大实业家发家的故事，就想知道得更详细一些，以便于将来借鉴他们成功的经验。于是他就跑到纽约，来到了一名叫威廉·亚斯达的人的办公室。

威廉·亚斯达对这位不速之客感到十分讨厌，就皱着眉头问他："你来找我有什么事吗？"这个少年低声地说道："我在杂志上看到了你的故事，我很想向你学习一下，我该怎样做才能够赚到一百万美元？"威廉·亚斯达听后，就喜欢上了这个有上进心的孩子，他的脸上也露出了柔和的笑容。两个人竟然谈了一个多钟头，谈话结束的时候，亚斯达又告诉了华卡该如何去访问其他实业界名人。

华卡根据亚斯达提供的方法，遍访了一流的政治家、作家及银行家。

两年之后，这个 20 岁的青年成为他当学徒的那家工厂的所有者。24 岁的时候，他又成了一家农业机械厂的总经理，短短五年之内，他就成为一名百万富翁。后来，这位农村的少年又成了花旗银行董事会的成员。

甘做学生、虚心求教的做事精神不仅能够提升自己的能力，还能不断开阔视野，更重要的是能够结交一些优秀的朋友，改变自己的命运。

好为人师的人经常会沉浸在对自身知识体系的盲目自信中，他们凭借一些半专业的知识和微不足道的经验，喋喋不休、口若悬河地向别人传授一些所谓的知识和方法。如果那些方法能够给别人带来实质性的帮助还能勉强说得过去，假如人们按照他的意见去办事，最终的结果却不是想象中那样完美的话，恐怕这个人就要成为众矢之的了。

有一个人，是铁杆的股迷。他原先在上班的时候就炒股，并且赚了一笔钱。后来他索性不再上班，做起了全职股民。头几个月里，适逢牛市，他赚了不少钱，在小区里成了小有名气的"炒股专家"，当有人向他"取经"的时候，他几乎飘到了天上，就把这一段时间的炒股经验告诉了别人，并且信誓旦旦地说"买这只股票一定能够赚大钱"，那些股民听取了他的意见，纷纷把钱都投入到他看好的那只股票中，谁知天有不测风云，这只股票成了垃圾股，那些买股票的股民个个落得个血本无归。而他这个罪魁祸首，最后也成了过街老鼠，人人喊打。

好为人师的人不过是半瓶醋而已，并没有什么真才实学和真知灼见。他们表现出来的信誓旦旦，并不是什么自信心，而是一种忘乎所以的自我膨胀。自我膨胀的人往往会过分地夸大自己的价值和能力，不知道自己究竟有几斤几两，让人感到好笑。

真正的成功者是从来不会把自己当成成功者来看待的。因为他们懂得"满招损，谦受益"的道理，在与人交往和追求目标的时候能够保持一种谦虚的态度，老老实实地扮演学生的角色。这样不仅能够让自己一步步地接近成功，也受到了别人的支持和爱戴，无论在事业上还是在人际关系上，都能取得超出常人的成就。因此，二十几岁的年轻人，在为人处世的时候，一定要摆正自己的位置，甘做学生，而不能好为人师。

即便当了领导，也要虚心向下属学习

谦虚使人进步。身为领导对待工作要懂得谦虚，借鉴他人长处，进而将自己的才能发挥到最大限度，这样才会获得更高的权威。反之，如果目空一切，只会成为自己前行道路上的绊脚石，不仅失去下属对你的支持，还会失去下属对你的尊重。

俗话说："不耻下问。"实际上，领导虚心学习，更能显示出领导的大度和良好的个人品行。切不可学"武大郎"，唯恐下级比自己长得"高"，有比自己长的地方。

通用电气公司的前首席执行官杰克·韦尔奇，就是一个善于向他人学习的领导，并且因此而让通用电气走向了更辉煌的阶段。

在执掌通用电气公司之后，韦尔奇通过大举的裁员与部门融合，对通用现行的体制进行了由上到下的重新洗牌，就在很多媒体和通用公司的员工都对韦尔奇此举纷纷表示出质疑的时候，韦尔奇再次提出了一个出乎所有人意料的决策，即号召整个公司的员工都要"以全球所有的公司为师"的企业管理理念。尽管很多华尔街的财经人士都对韦尔奇此举表示赞同，并且通用公司的股票价格也因此而出现了上涨，但公司的管理体制实际上早已是千疮百孔，所以摆在韦尔奇面前最大的问题就是建立一个健全的机制。

韦尔奇没有单纯地做出组建新团队的举措，而是从企业发展的角度出发，将目光放在了企业与市场的高度。因为他明白，只要动员整个企业员工和管理层展开一场向优秀公司学习的热潮，就能够彻底摆脱通用公司当前所面临的困境。

在韦尔奇的"向全球所有公司学习其优秀的管理经验"的口号下，通用公司重新焕发了神采和活力——不仅二十年间公司的净利润出现了大幅度的提高，以107亿美元的年盈利成为全球第一，韦尔奇本人也被誉为"世界第一CEO"。与此同时，向优秀的企业学管理的做法，也让很多在通用公司管理层工作过的基层领导者通过学习收获了很多知识和宝贵的经验，后来成为各大公司的CEO，而通用公司也被誉为了"全球经理人的摇篮"。

由此可见，敢于向任何人学习已经成为众多企业管理者的一项共识。虽然有很多例子都可以证明，领导者应该抱有一颗向下属学习的心，但是有些领导者还是很担心，如此一来自己的权威是不是会有所动摇？会不会让自己的尊严受到打击？更重要的是向下属学习就等于承认自己的能力不如下属，这是很难让身居高位的领导者接受的。那么，领导者该如何面对不如下属的尴尬？

原天士力制药集团股份有限公司总经理李文是这样说的：

"每个人都会有一个心理的底线：如果说只有一个位置，而我们两个人非此即彼的话，很可能谁也容不下谁。但事实并不是这样，家庭式作坊的运营模式早已被企业淘汰，现在的企业拿出了一套科学化的管理模式。如果有人有某方面的特长，我会安排他做符合他特长的工作。如果他综合能力比我强，我一定会推荐他到其他分公司做经理；或者他做我这个位置更合适，我可以去其他分公司。

"下属在某一领域强过领导，这是很正常的事情。我们是制药企业，我不是学医出身，可以说我是个彻头彻尾的外行，所以，从这点看，我觉得我手下的人都强过我。但我们现在发愁的还是人才不够多，我们是个求贤若渴的企业，特别是对于像我们这样正处于上升期的企业。虽然我身为领导，但不见得我什么方面都强过我的下属。即使是能力超强的领导，也要依靠他人的辅助才能获得更大的成功，所谓尺有所短，寸有所长。"

领导者承认下属某一方面比自己强，并不是件令人难堪的事情，这样反而会表现出领导者任人唯才的英明。

一位很有成就的管理者说过，他的智慧和能力平平，在公司至多算一般，但有一点却是别人无法企及的，那就是他总是设法使比自己聪明的人愿意在自己手下工作。

身居领导岗位的你可以不懂新技术，但是你一定要掌握最科学的管理方法，所谓"闻道有先后，术业有专攻"。

在日常管理中，领导者要善于发现每一位下属的长处和优势，放下身架，谦虚地向他们学习，这样才会不断进步。领导者的管理方式成功与否，不在于是否具有非凡的能力，而是表现在不断地借鉴别人长处的地方，通过借鉴和学习别人的优点来逐步完善自己。所谓"成功是经验的积累"便是这个道理。

每日自省，发现自己的不足

"一日三省吾身"是君子每日修身养德必做的功课。它告诫人们要时常自省，时时反省。只可惜，在这个物欲膨胀的时代，能做到的人寥寥无几。我们对别人和外部的世界总是太过关注，却往往忽略对自我的认知。发现自我以外的缺憾并不困难，难的是找到自己身上的毛病。唯有自省，才能使人深刻意识到自己的错误和不足，才能使人迷途知返，不再重蹈覆辙，找到人生正确的方向。

前两年，木制的手串在中国销路很好，于是一些人便铤而走险到某些东南亚国家走私木材。定金交了，该疏通的关系也都打理好了，却被当地警方逮捕了，木料最终还是没运回来，落得个财物两空的下场。

这些人被释放回国以后便整天抱怨，说那个国家的商人不讲诚信，警察像强盗等。他们把别人数落了一遍，唯独没有反省自己的问题。为了挣钱，到本来就危险的环境之中去做一些违法勾当，最后不仅赔了钱财，还锒铛入狱，这实在怪不着别人。

对别人再微小的瑕疵，也总能明察秋毫；对自己显而易见的不足和缺点，却总是视而不见。不懂得自省的人，永远是浑浑噩噩地生活，整天只知抱怨别人的种种不好，却不肯虚心反省自我；不懂得反省的人，总是在同一个问题上反复犯错，总是在同一个坑里来回摔跟头。

在美国，有一位牧师，主持过很多新人的婚礼。他外表看上去非常和蔼可亲，可对自己的儿子却非常严厉，经常因为一点小事就把儿子教训一通。父子俩经常吵得面红耳赤。

在一次激烈争吵之后，儿子选择了离家出走。焦急的牧师找到了当地一位教育学者，诉说自己的苦衷。学者还没开口，牧师就愤怒地细数儿子的种种不是：总和父母顶撞、晚上很晚回家、背地里偷偷饮酒、棒球比赛时打伤了同学等。话没说完，牧师就流下了眼泪——他担心儿子现在的安危，更不知道儿子为什么那么叫人操心。

学者听了他的抱怨，语重心长地说："你每天都在指责着儿子的不是，让他觉得自己就是一个无法变好的孩子，自己永远不会得到父亲的欣赏和喜爱。儿子变成今天的样子，您有没有想过自己该负怎样的责任？您每天都在为别人送去祈福，为什么不能对自己的儿子多一些宽容和赞美呢？"

学者的话让牧师恍然大悟。作为一名父亲，他的确非常失职。他一直在埋怨孩子，竟然没想到所有问题其实都出在自己身上。

自省可以引发我们对过往经历，特别是失败经历的反思。在反思过程中，我们可以总结失败的教训，让自己的心灵得到救赎。自省就像是电脑里的杀毒软件，可以把我们内心中所有的病毒都扫描出来，并启发我们找到杀毒的最佳方式。随着我们内心愈发干净和清澈，生活也会随之变得舒心起来。如果牧师能够多一些自省，或许儿子就不会离家出走，他也就不会那样悔恨和懊恼。

一个人一旦具备了自省的能力，便可以控制自己的欲望和冲动，驾驭自己的思想和心情。因为自省会让人体会到一种来自内心深处的无穷力量，会让人在应对各种挫折和挑战时表现出一种连自己都无法相信的潜力。不仅如此，我们还可以通过自省这面镜子，客观真实地认识自我，获得真正的智慧。

美国著名投资公司 GMO 在刚刚起步时，公司投资人杰里米为公司招聘了几位新人，其中一位叫杰瑞塔。杰瑞塔看上去非常普通，所有人都对他不抱希望。可三个月过去之后，杰瑞塔的销售业绩却名列前茅，这让杰里米非常意外。

原来，杰瑞塔自上大学就有"照镜子"的习惯，并把这个习惯一直坚持下来了。他每天都会给自己制订各种计划，晚上回家时便对着镜子自言自语，回顾这一天以来计划完成的情况，哪些做得好，哪些做得不好。日积月累下来，杰瑞塔对自己的长处和短处都能了然于胸，并能在实际工作中扬长避短。所以，他才会取得如此骄人的销售业绩。

兴奋的杰里米决定让杰瑞塔给全公司的销售人员作一次演讲，题目就是《照镜子的哲学》。后来，杰瑞塔成为公司的销售总监，在全球各地都有他们的业务伙伴。

"照镜子"就是一种自省。人贵有自知之明，这个世界上最难解的谜题其实就是我们自己。通过自省，通过对自己的剖析，能够帮助我们抖落身上的灰尘，够帮助我们找到解开谜题的钥匙，帮助我们在黑暗中找到有光明的方向。学会自省，让我们拥有超越自我的力量，让我们成为生活的智者。

大文豪高尔基说："反省是一面莹澈的镜子，它可以照见心灵上的污点。"人需要自省，因为每个人都难免有不足和缺点，通过自省能够让我们不断进步，日臻完善，也能够让我们在人生的长河中始终行驶在正确的航道上而不至于迷失方向。